Jajabka aan Jeclahay

Volume 1
by David E. McAdams

Sawirada buugan waxaa la sameeyay iyadoo la isticmaalayo Fractal Forge.
Fractal Forge waxaa laga soo dejisan karaa
https://sourceforge.net/projects/fractalforge/.

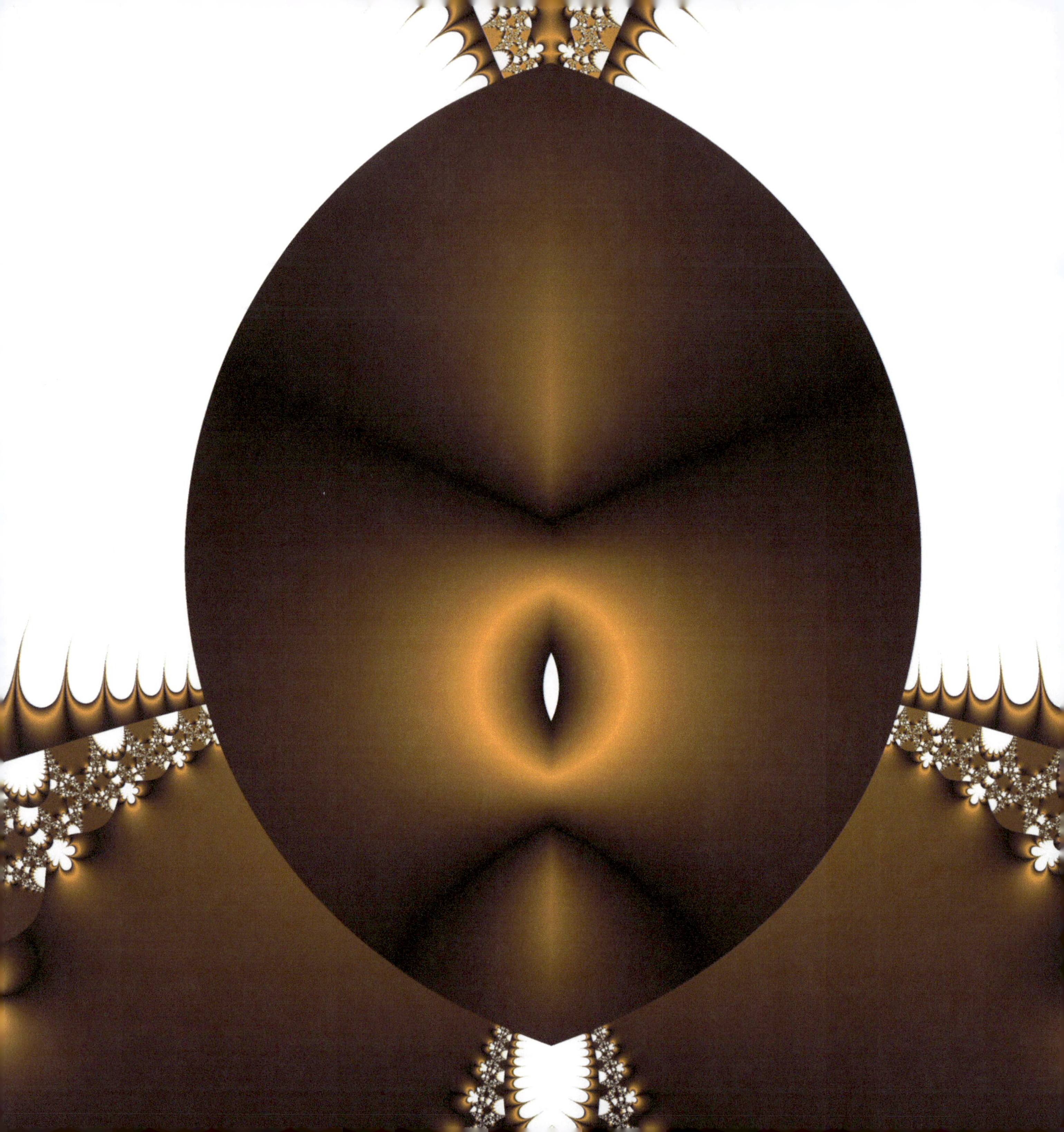

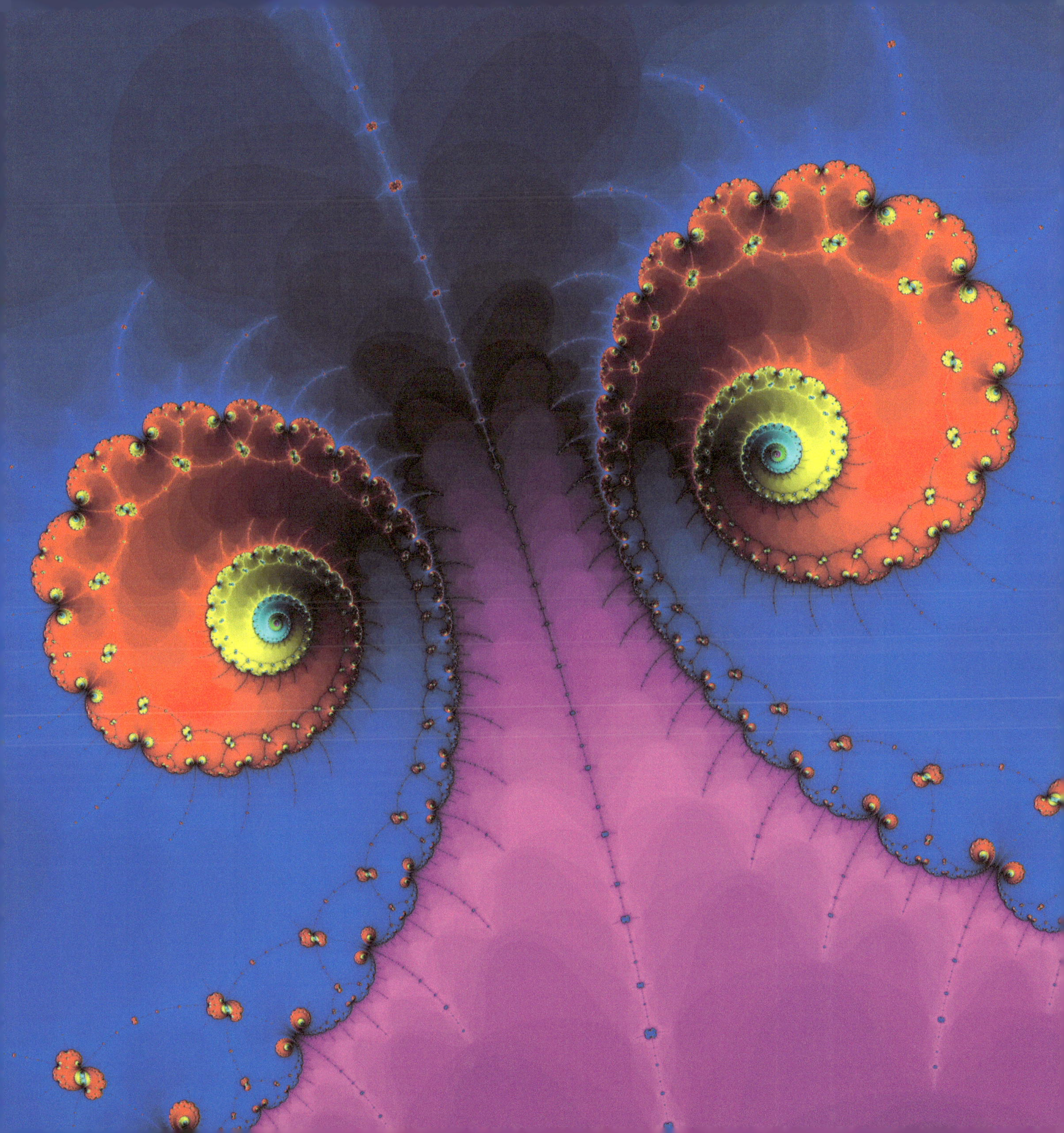

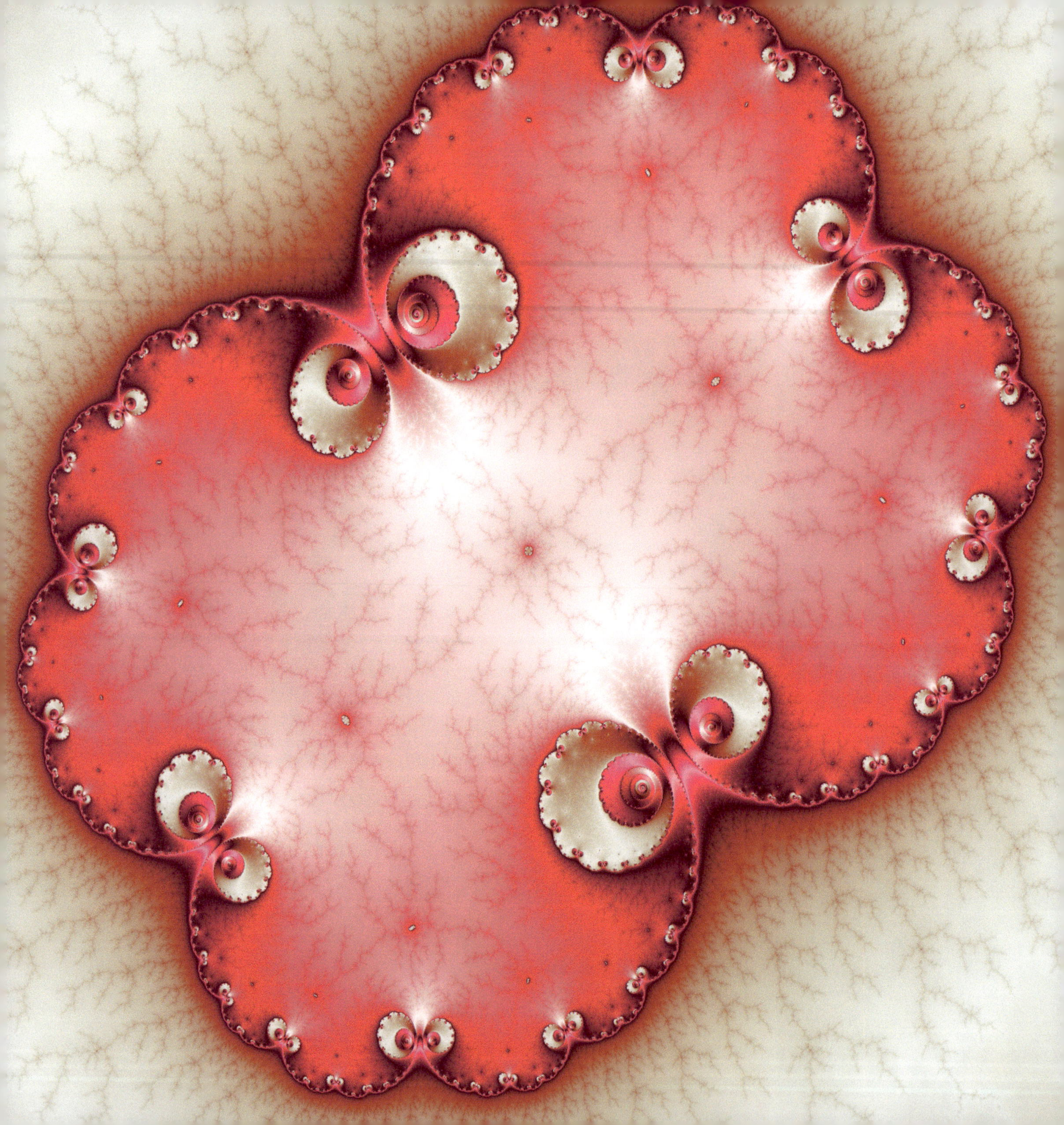

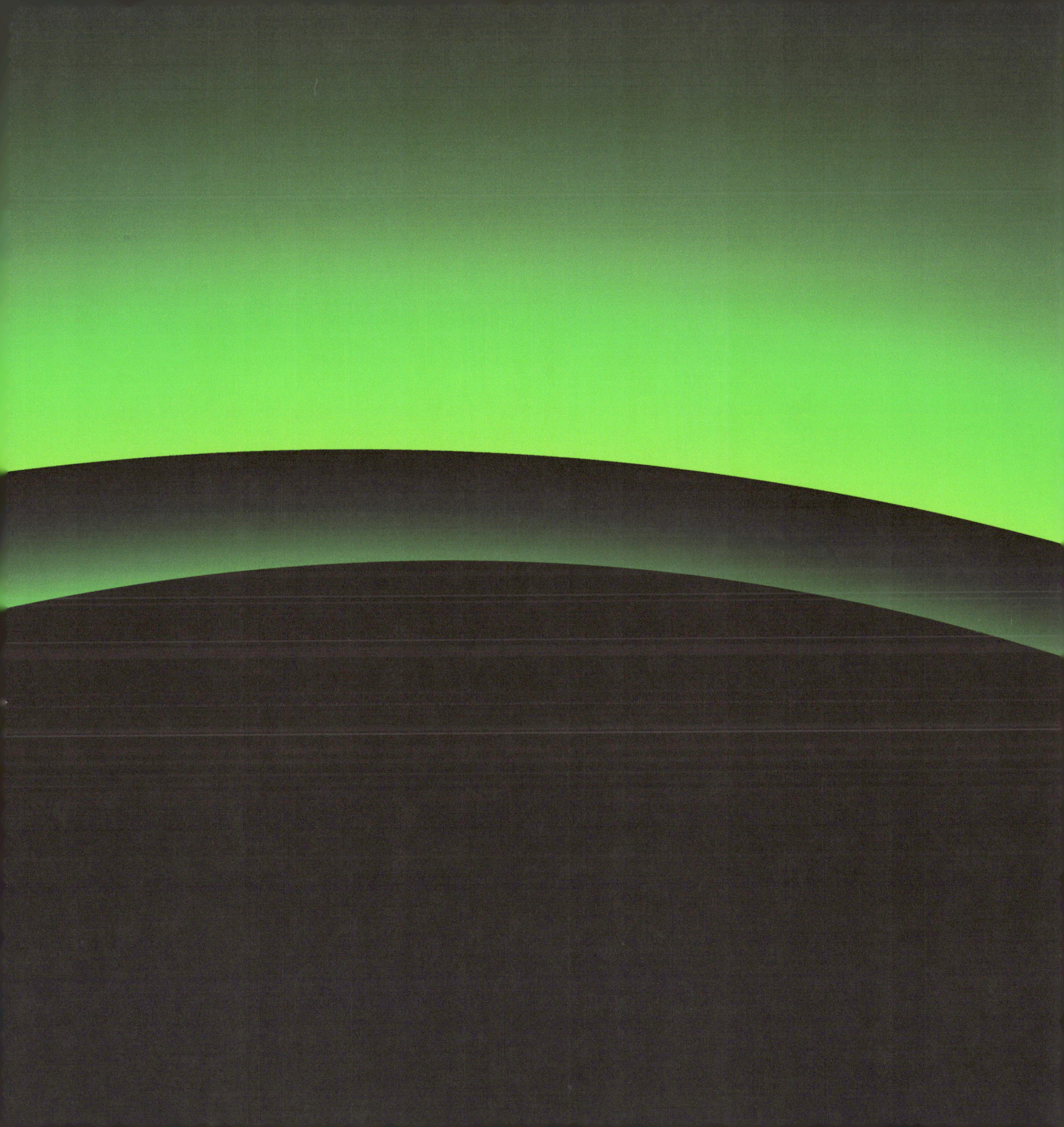

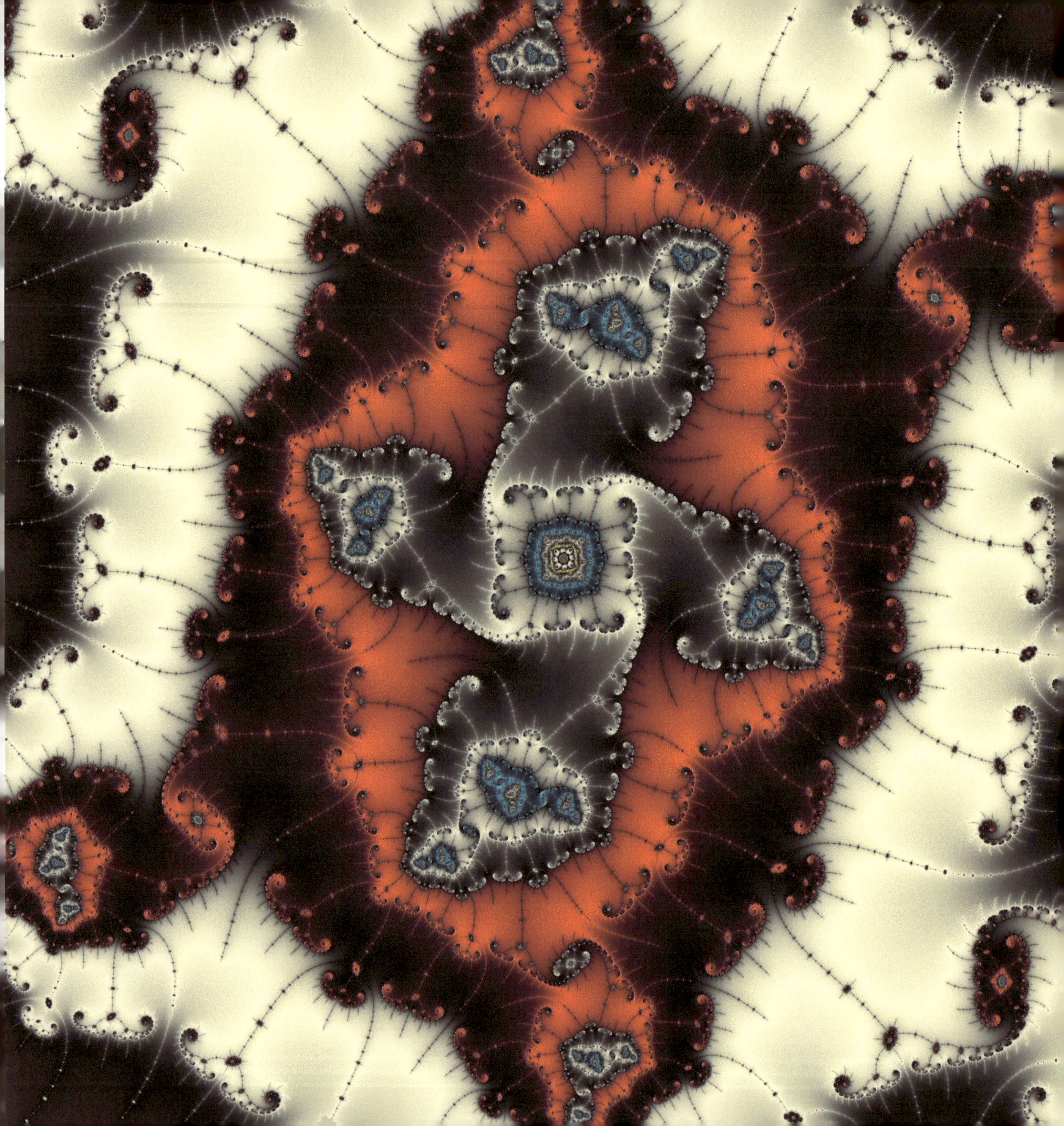

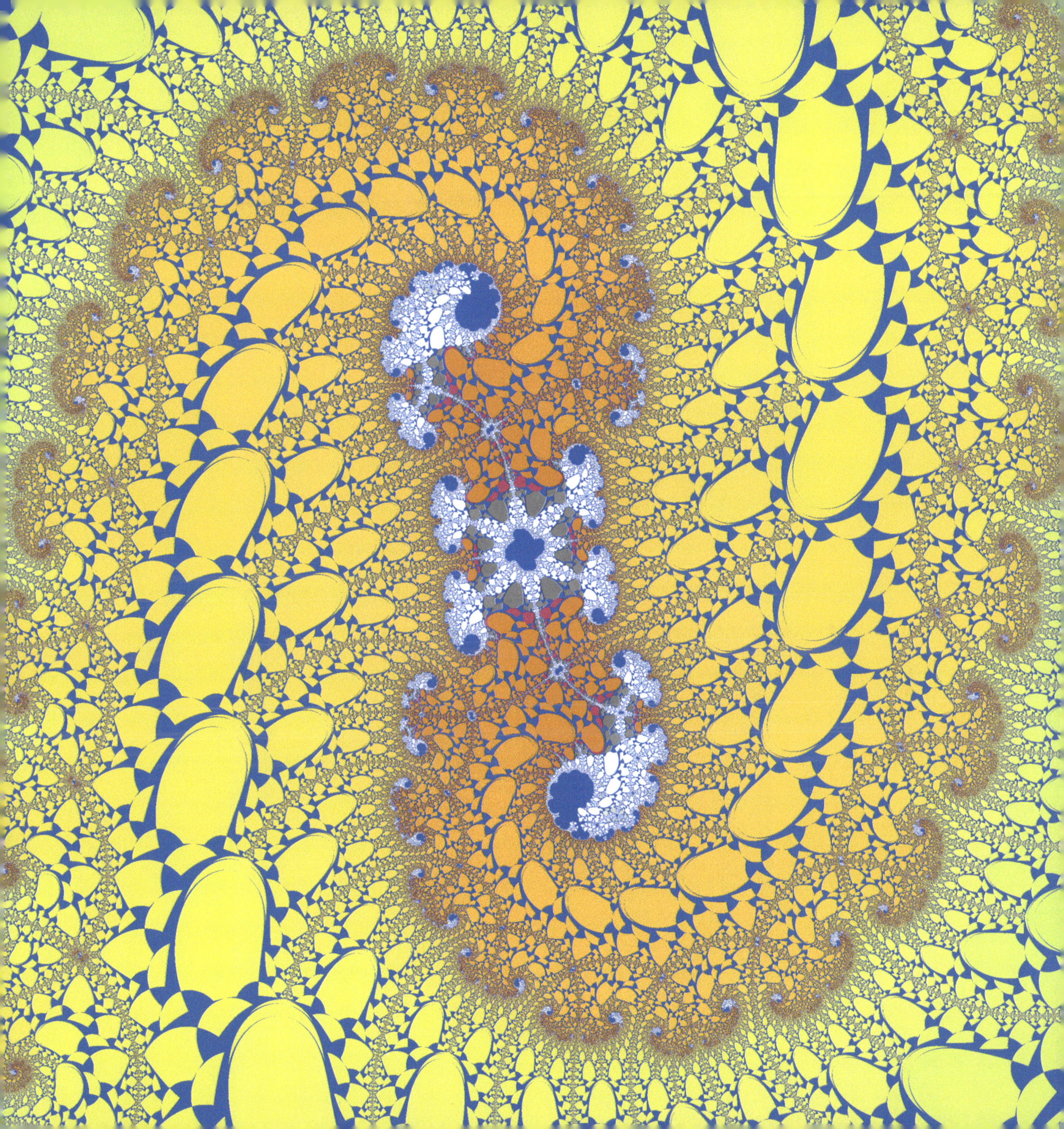

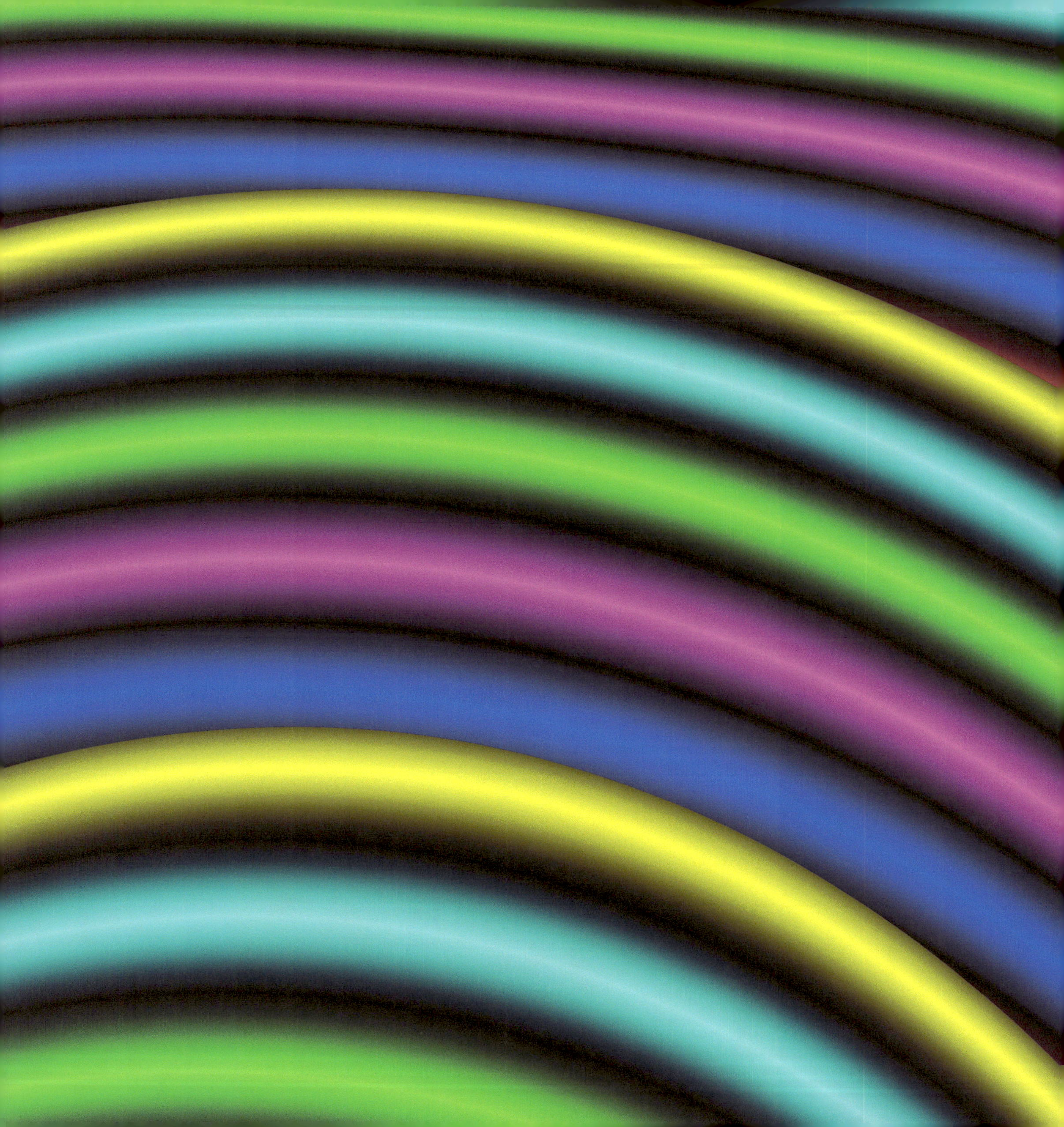

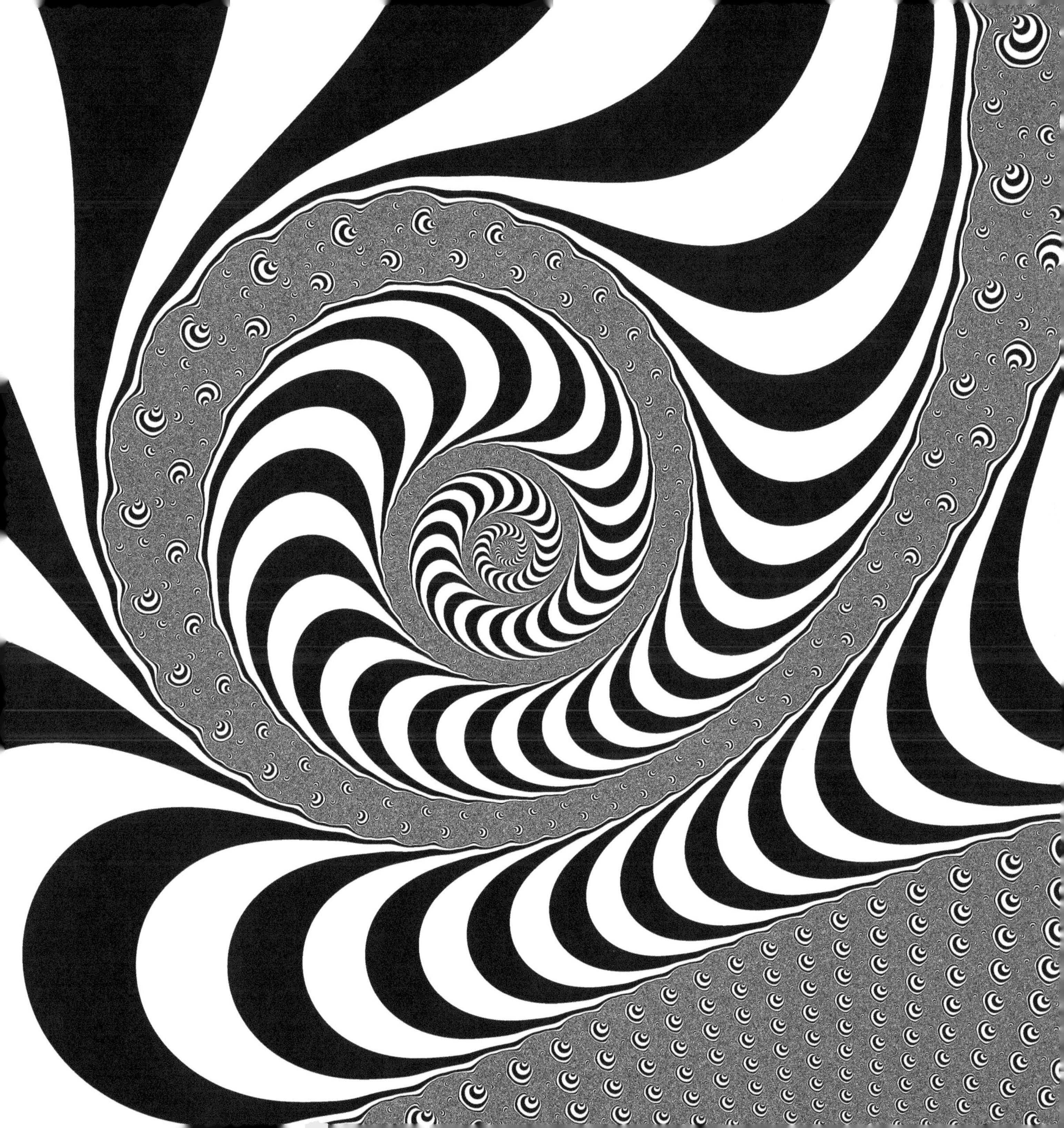

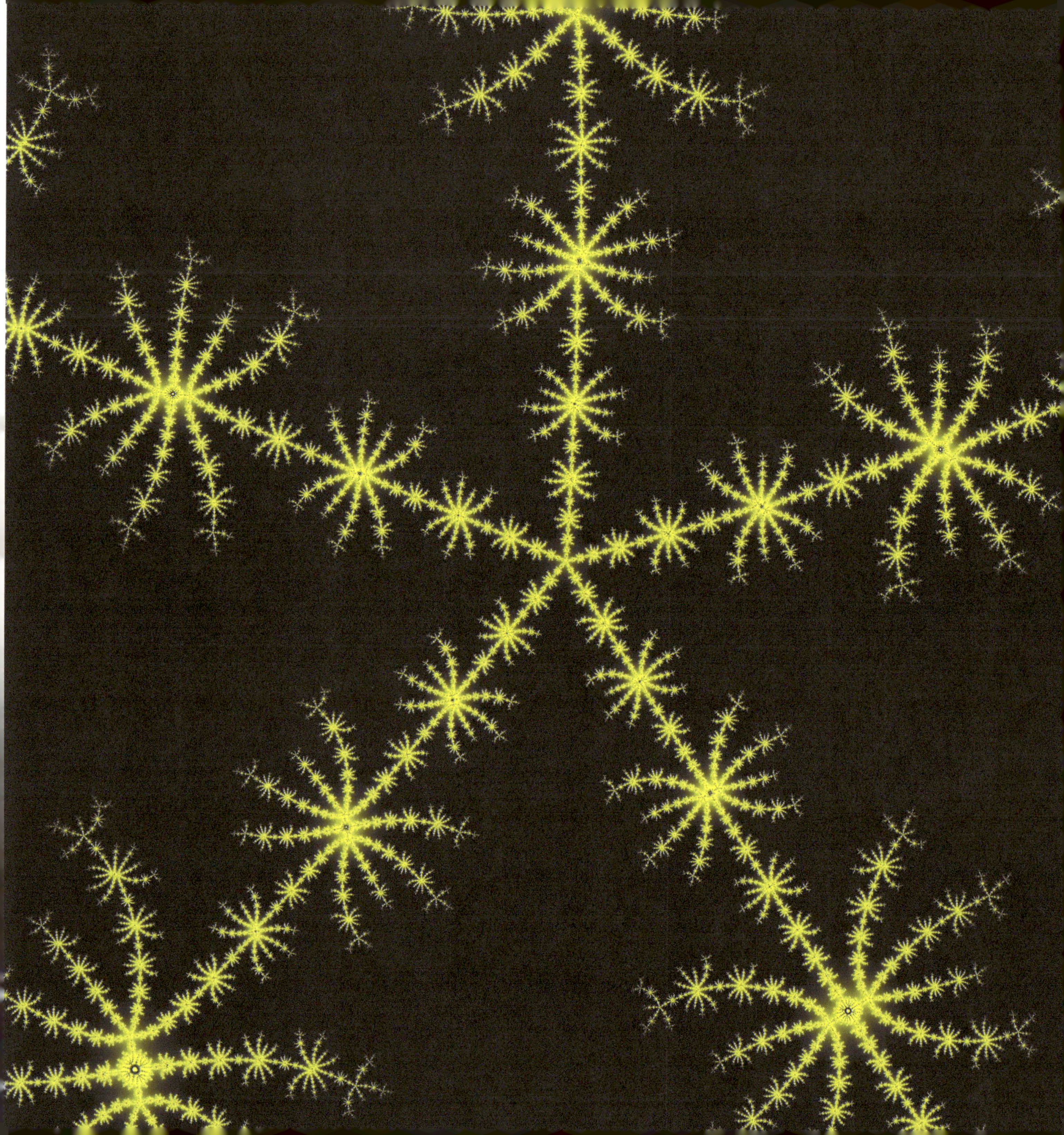

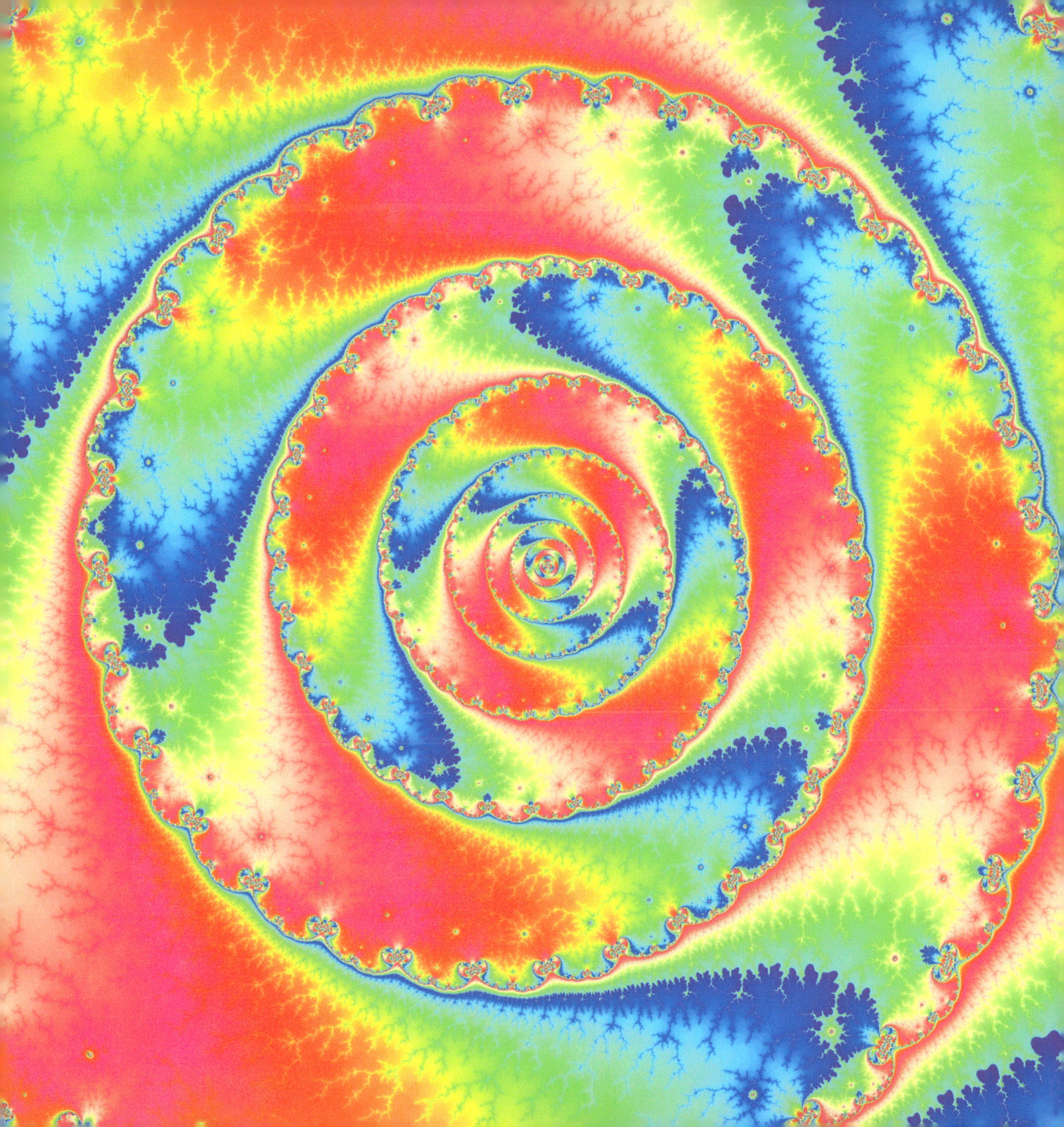

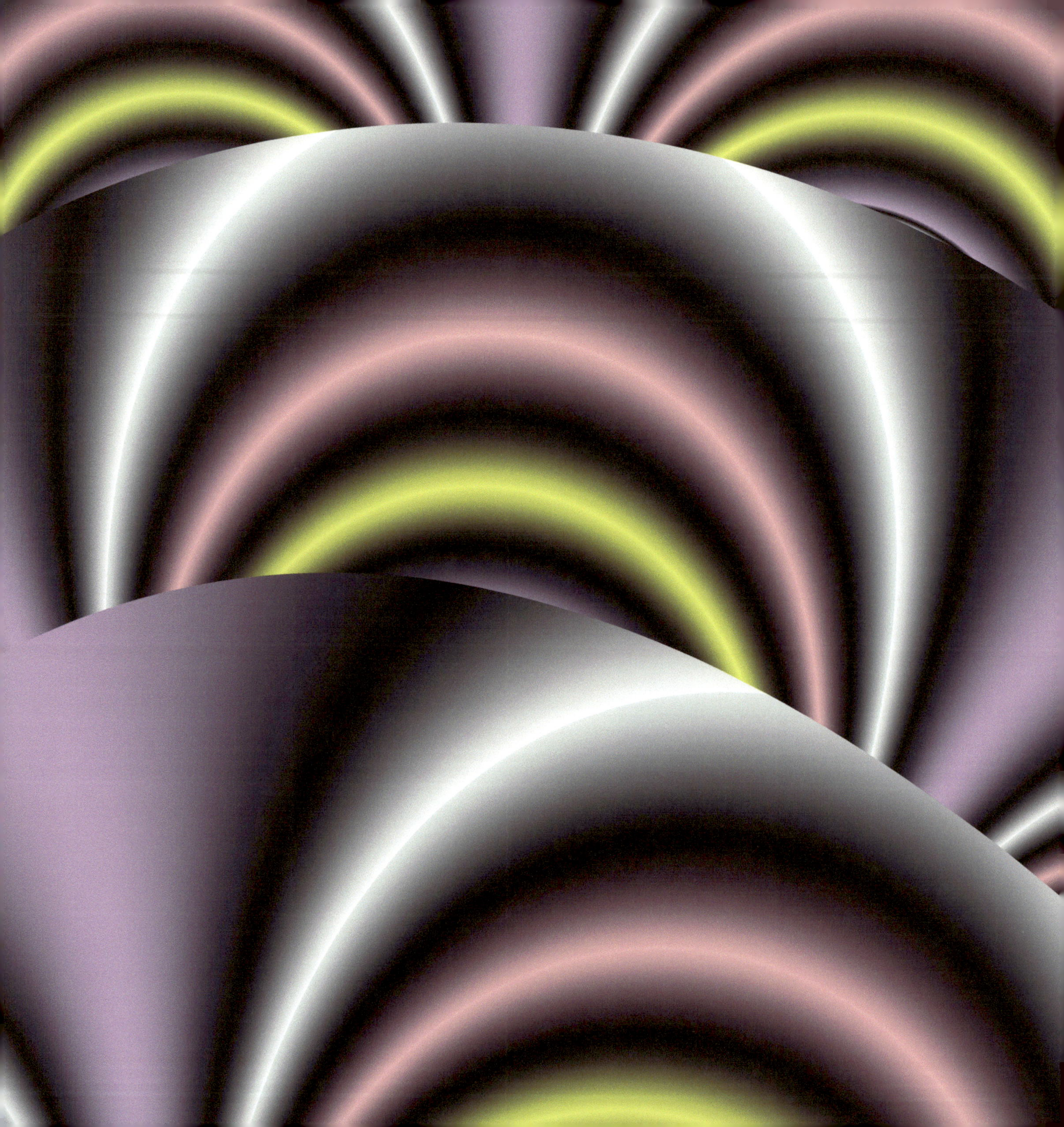

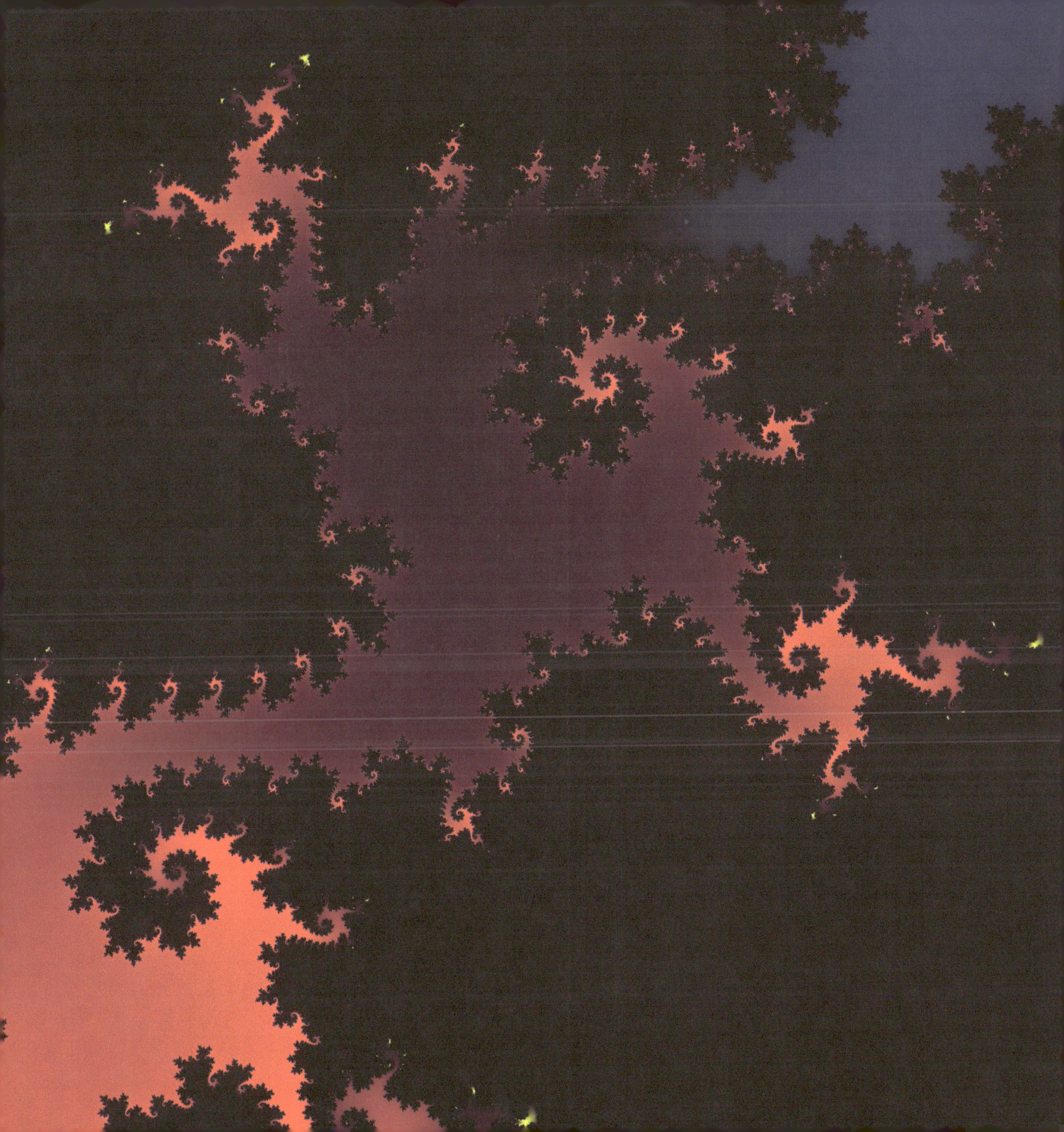

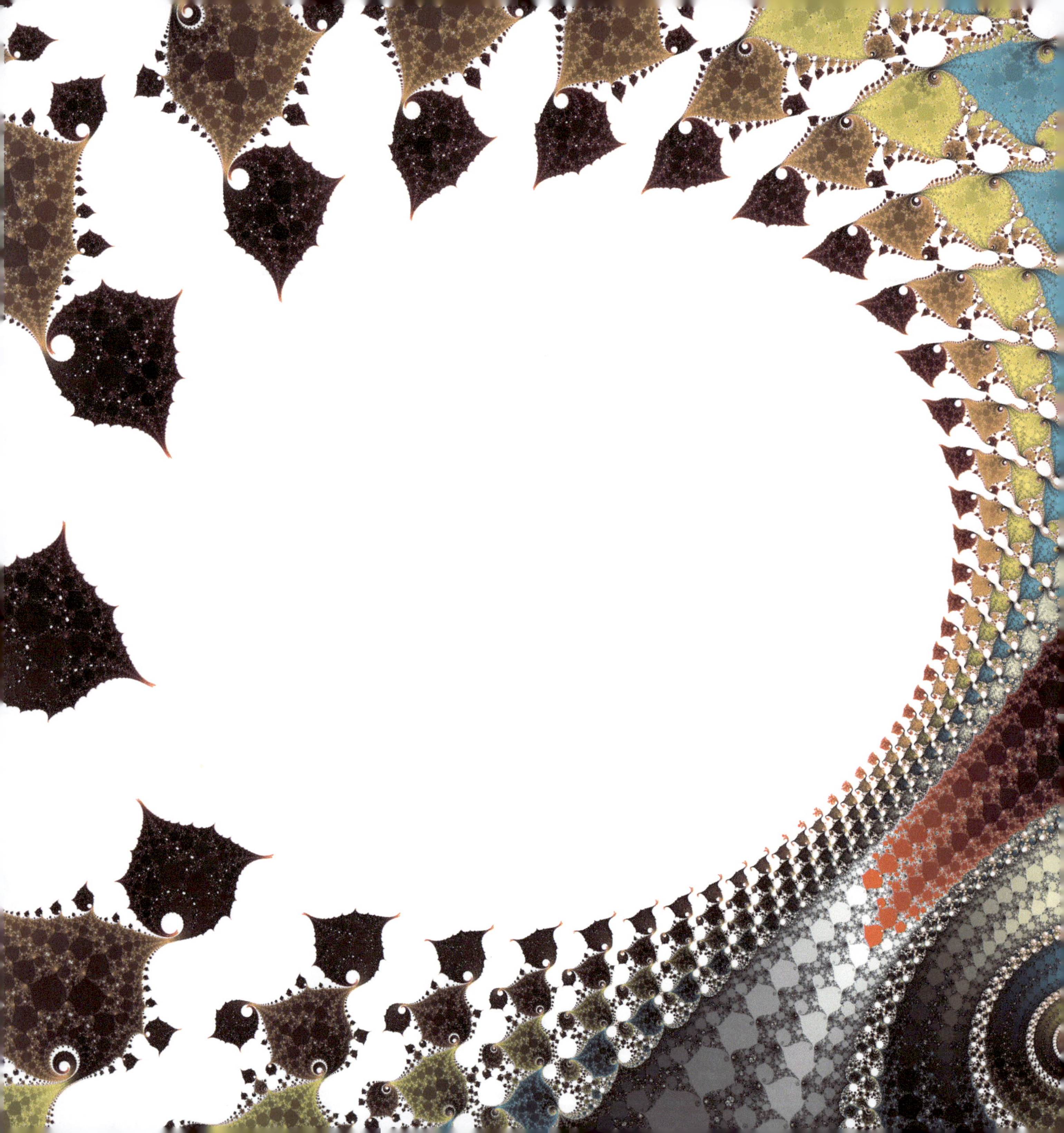

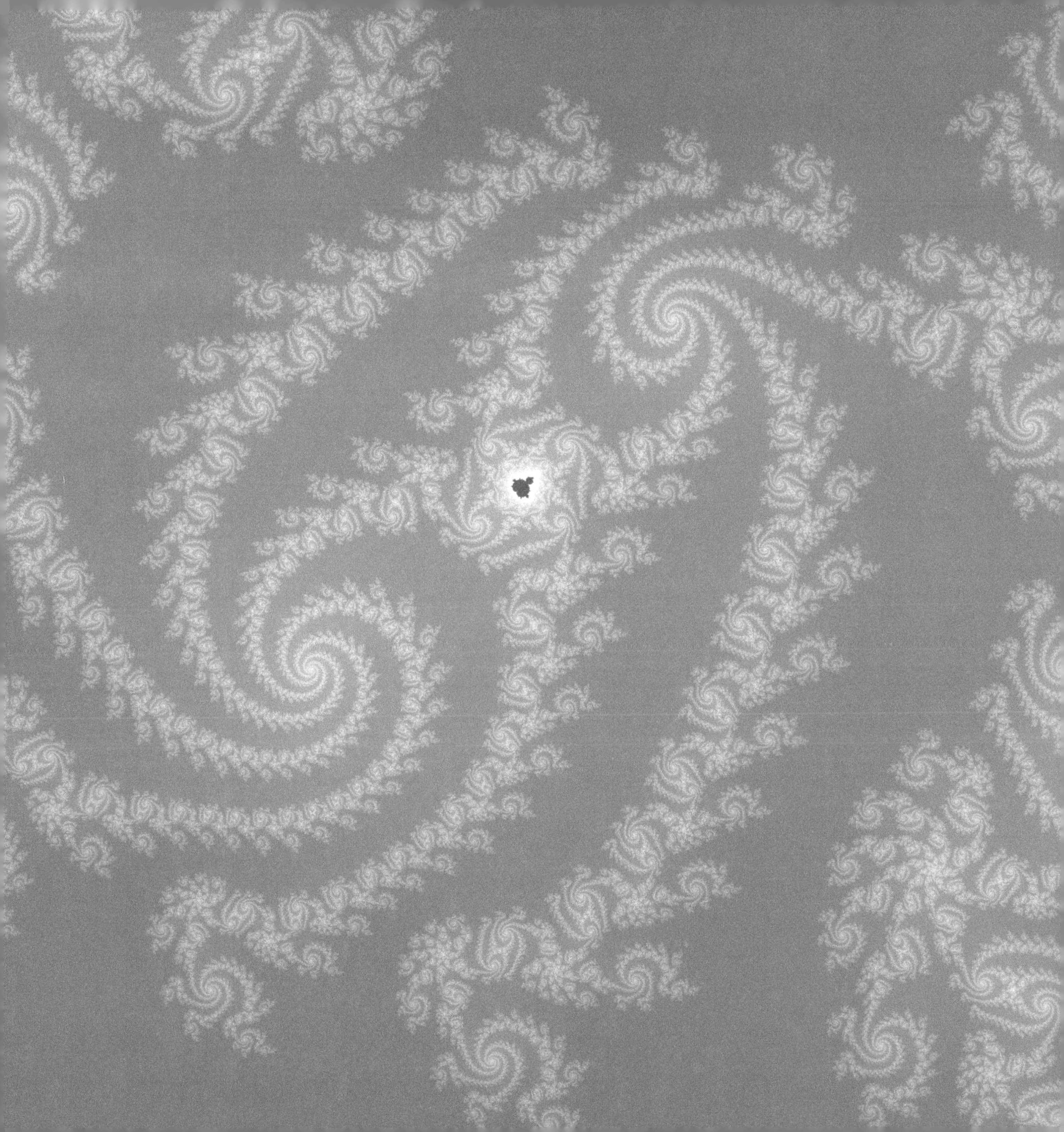

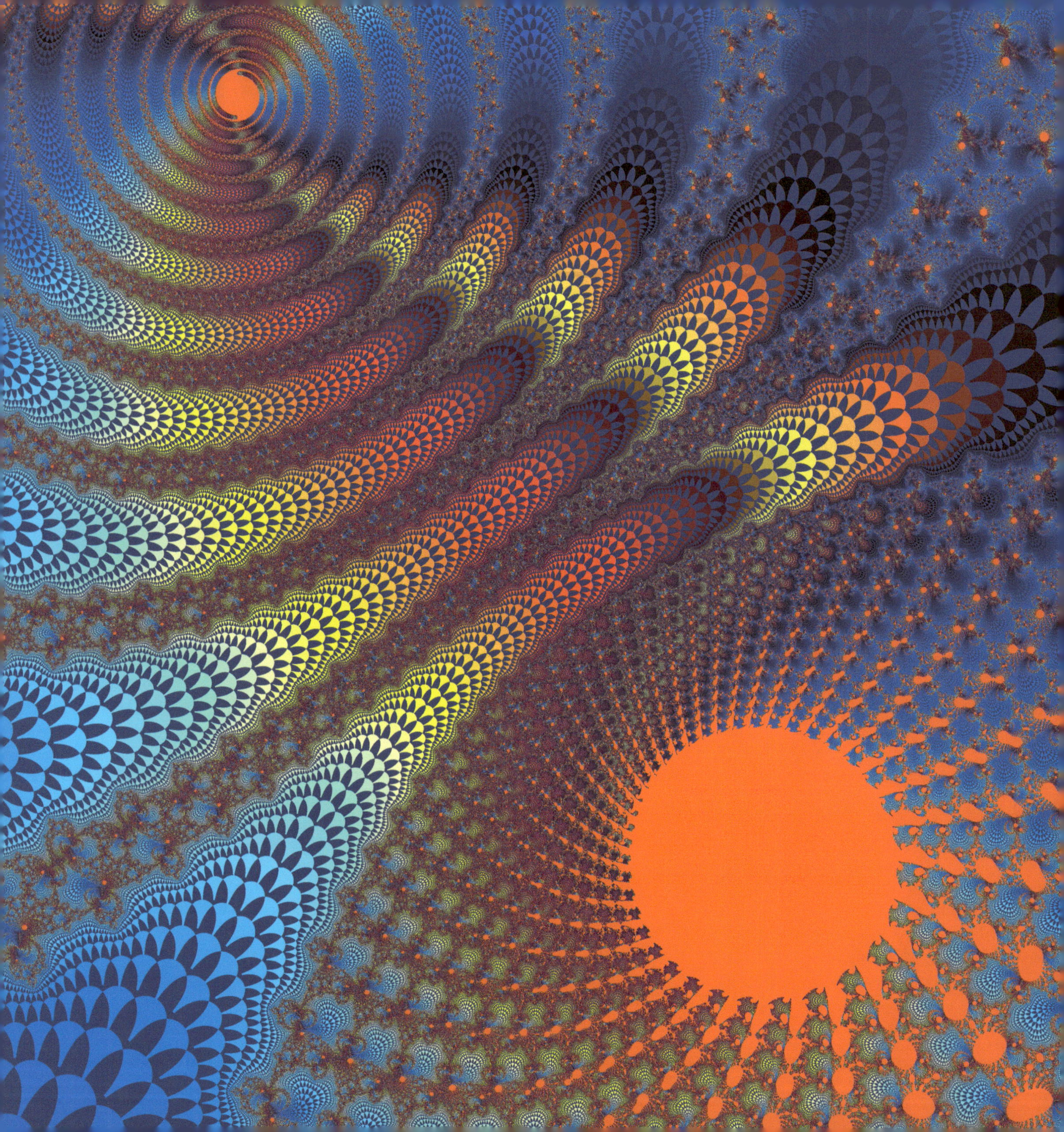

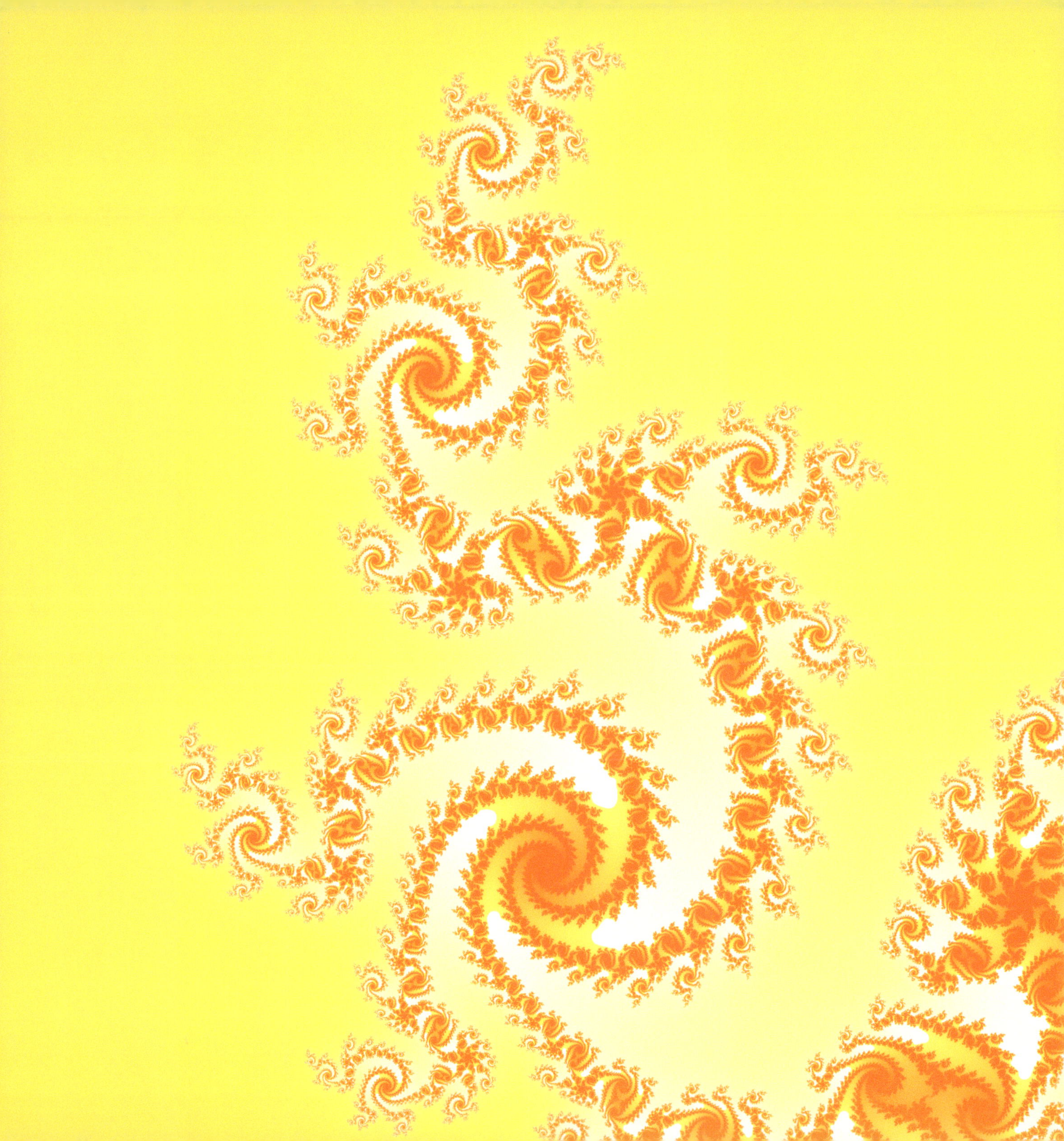

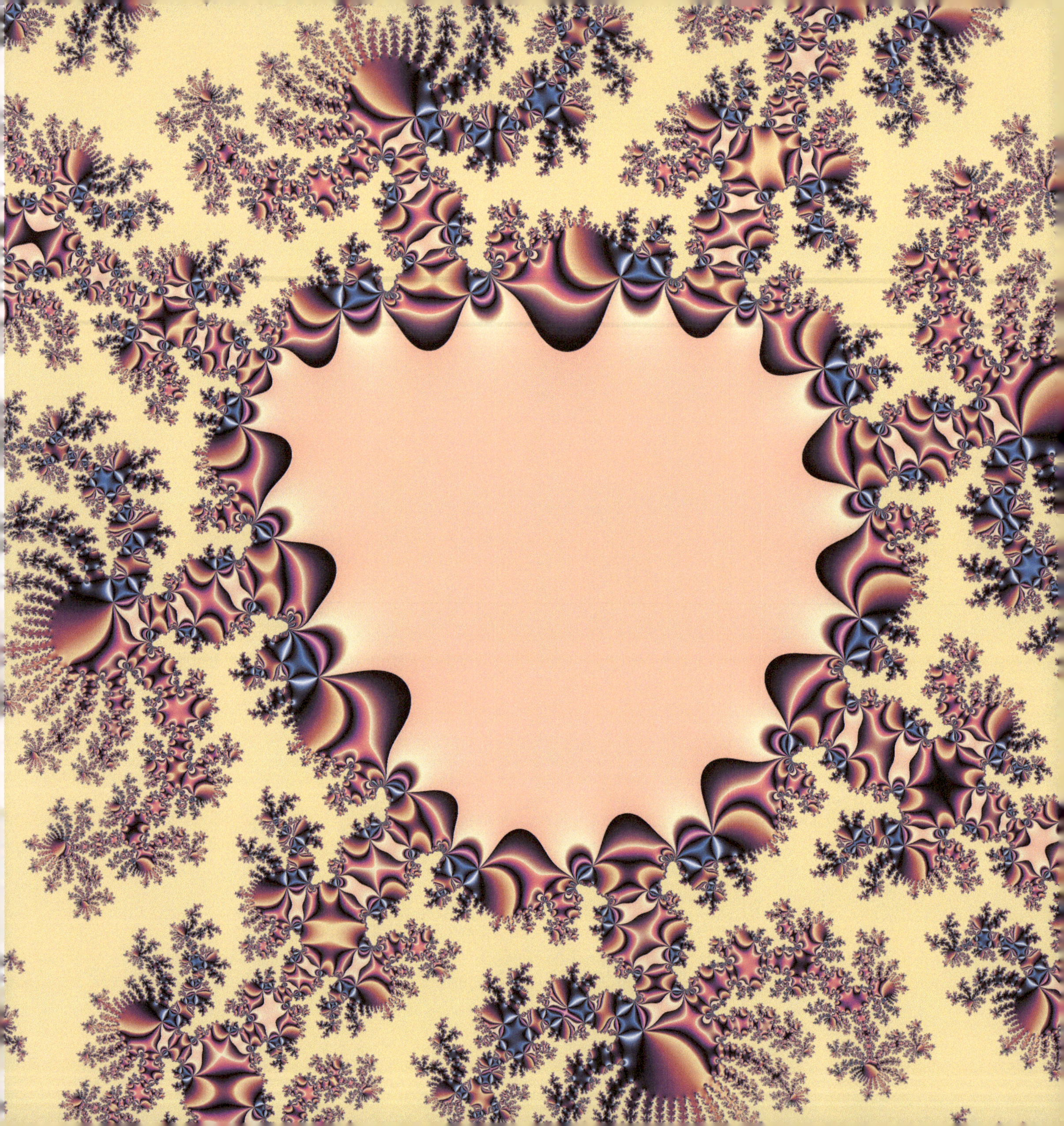

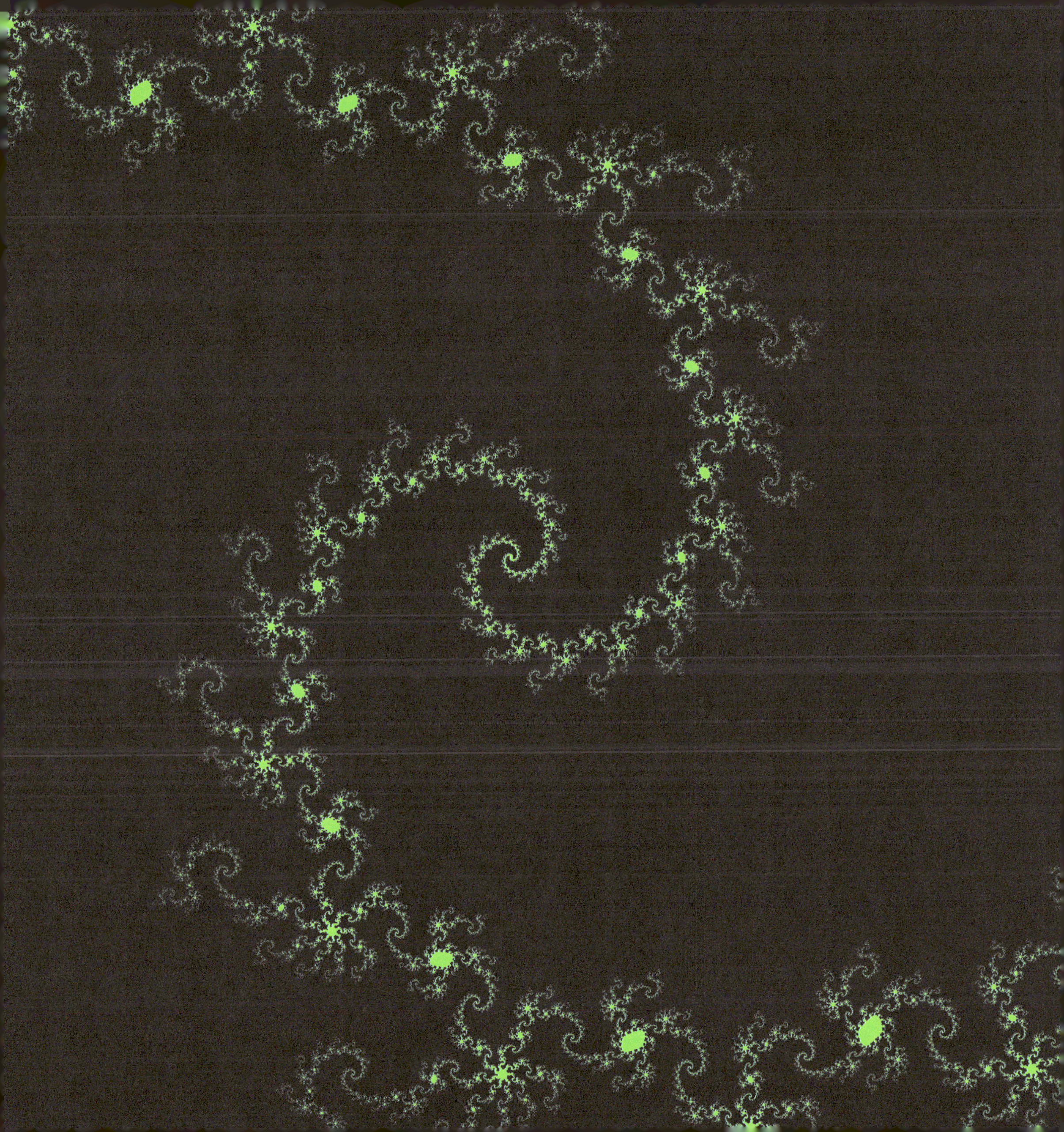

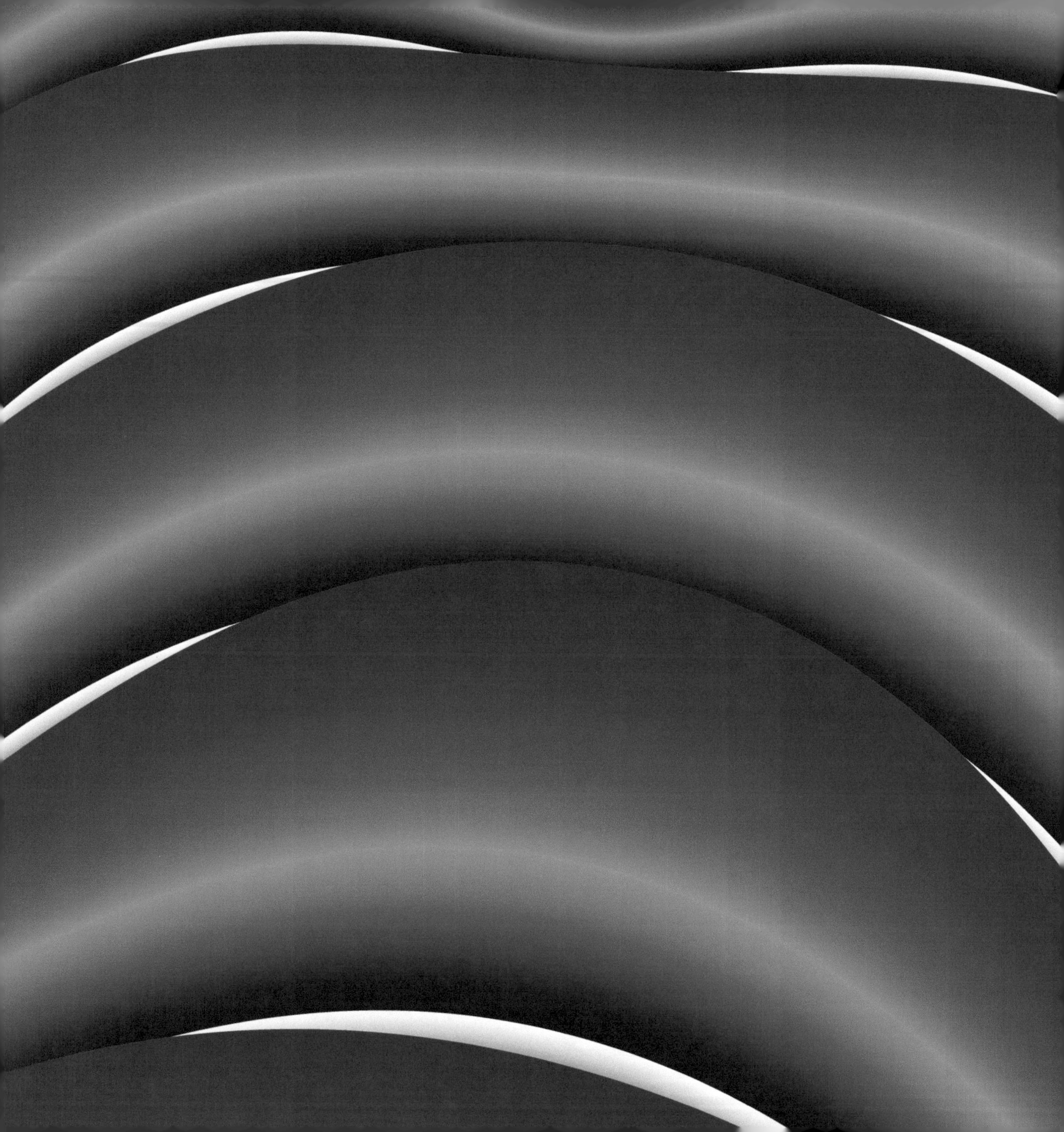

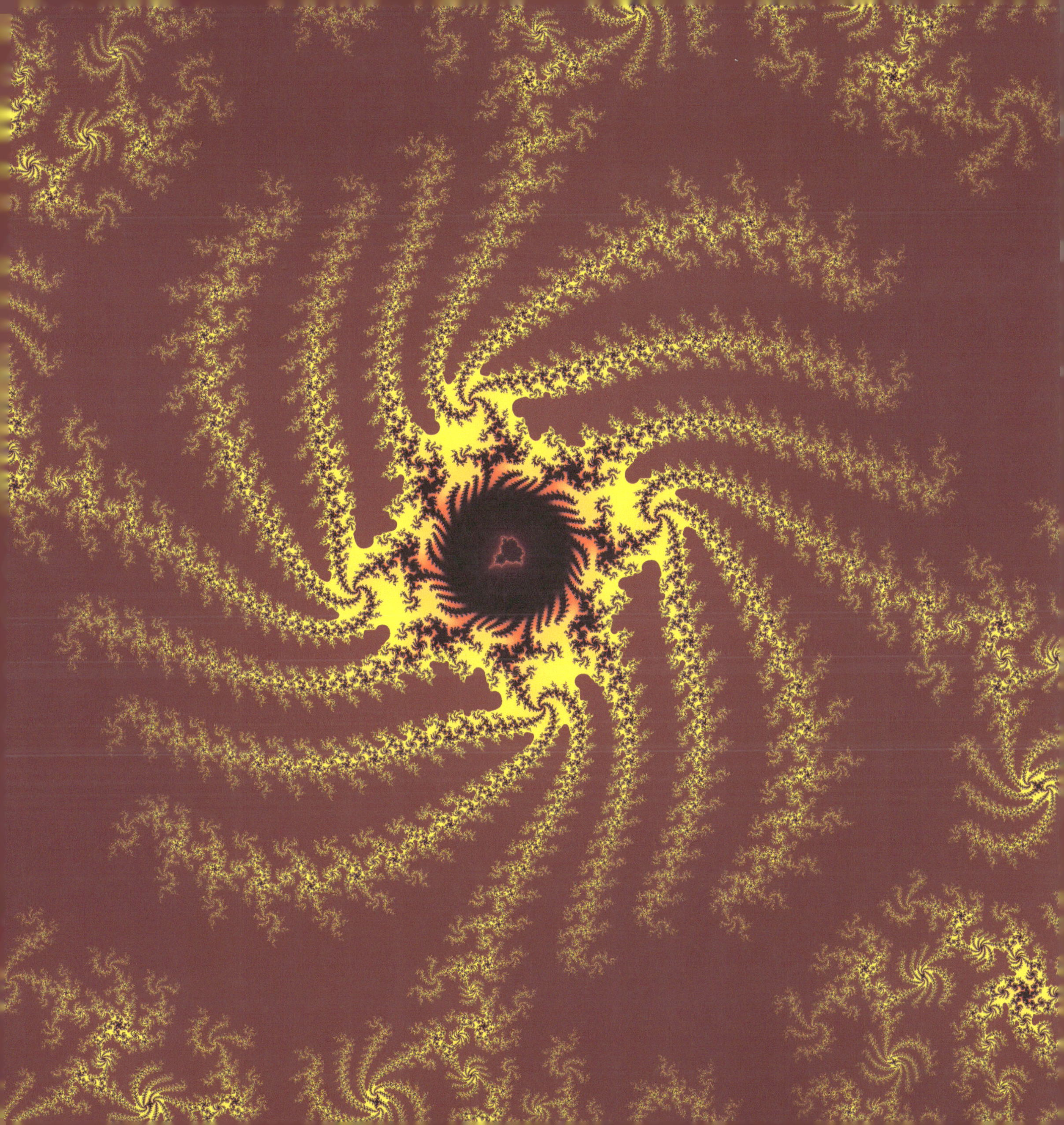

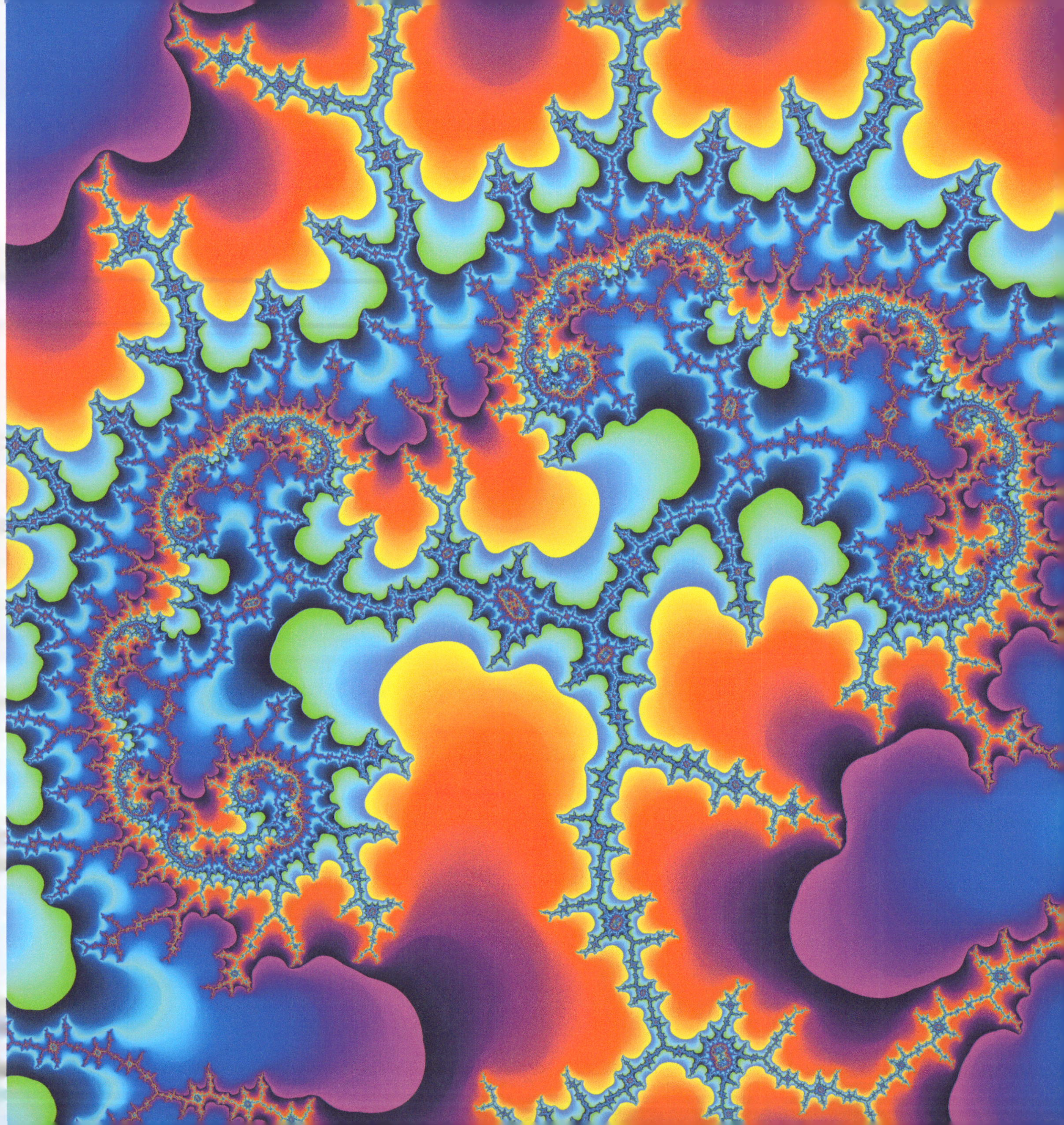

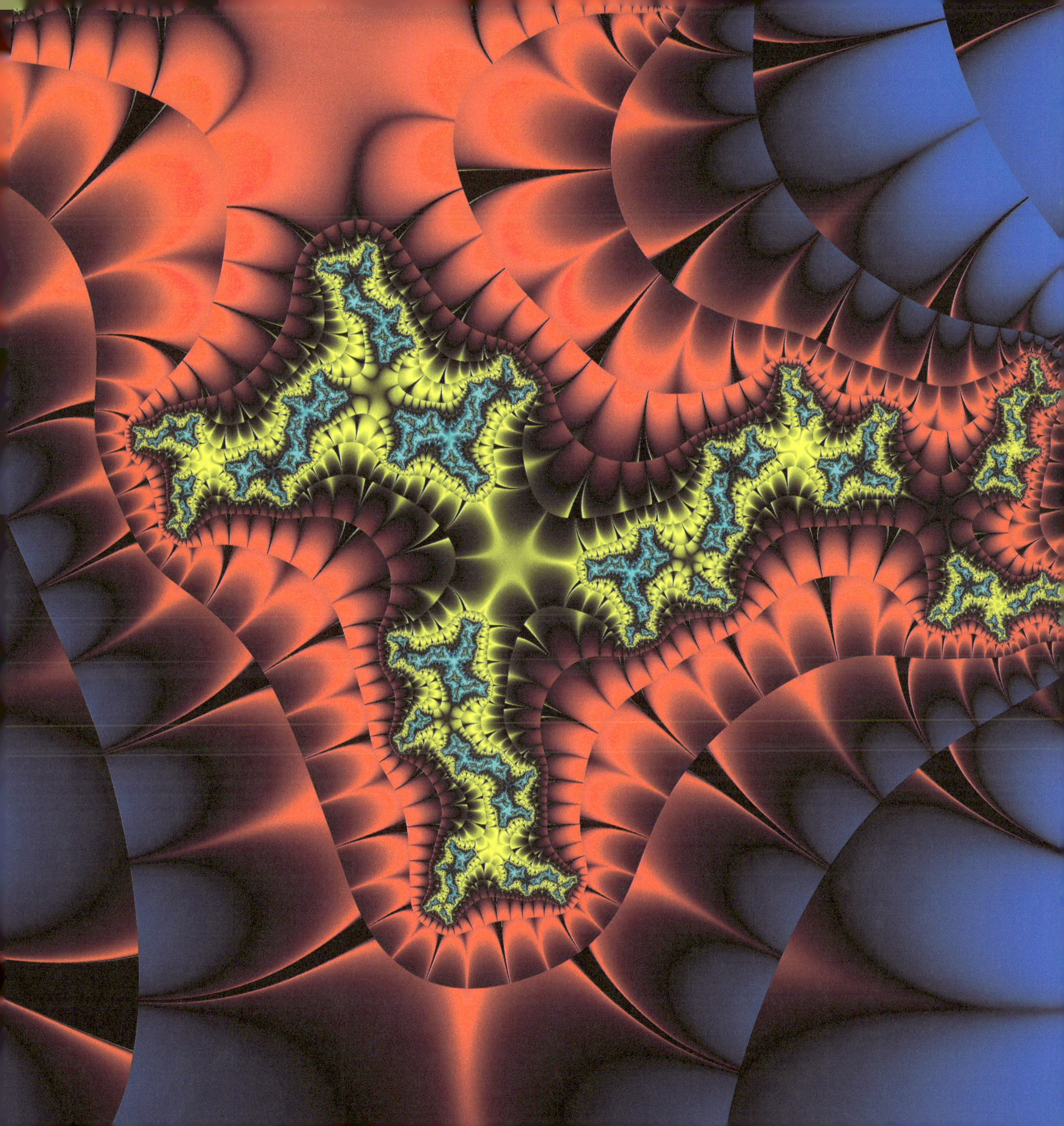

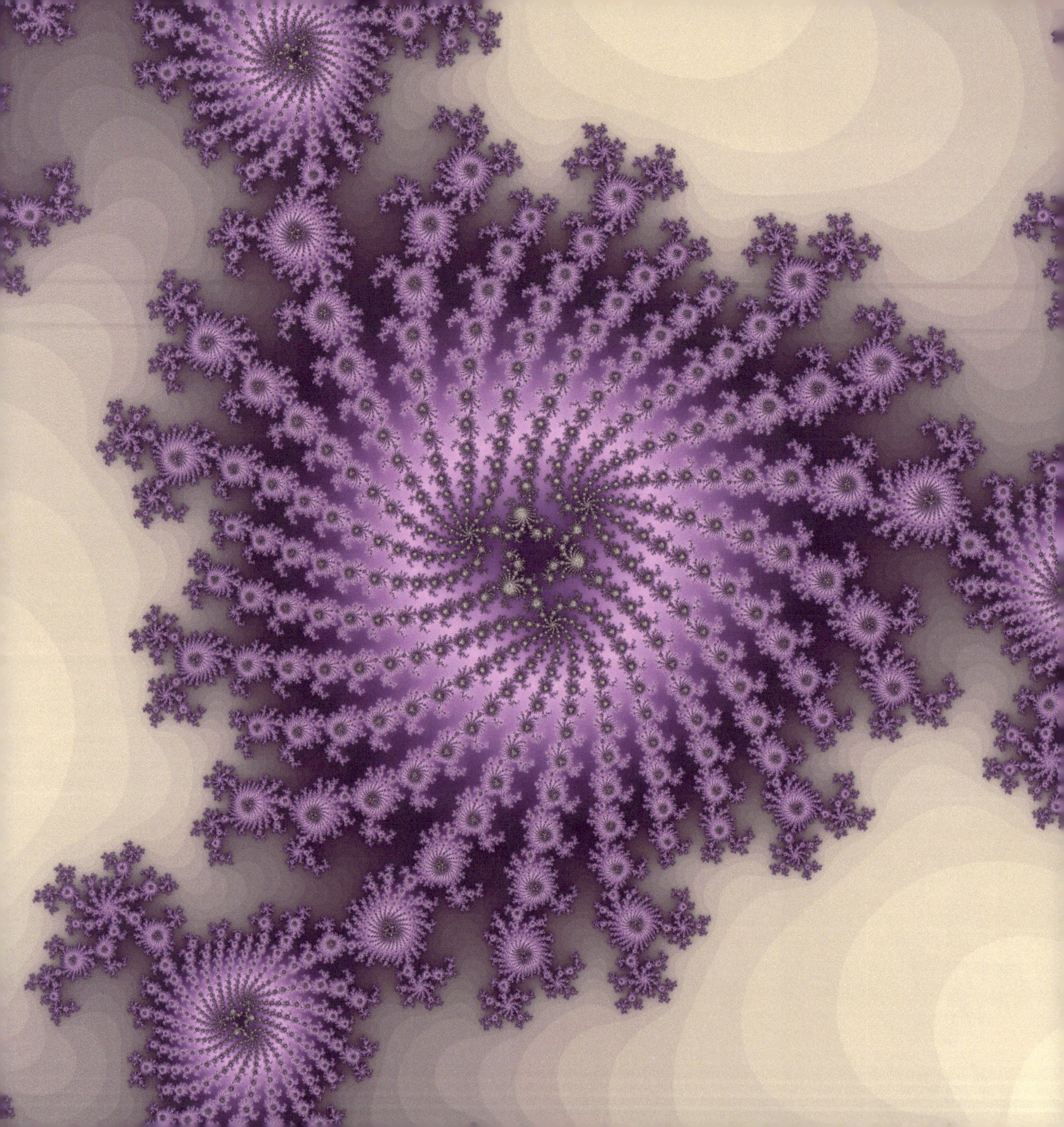

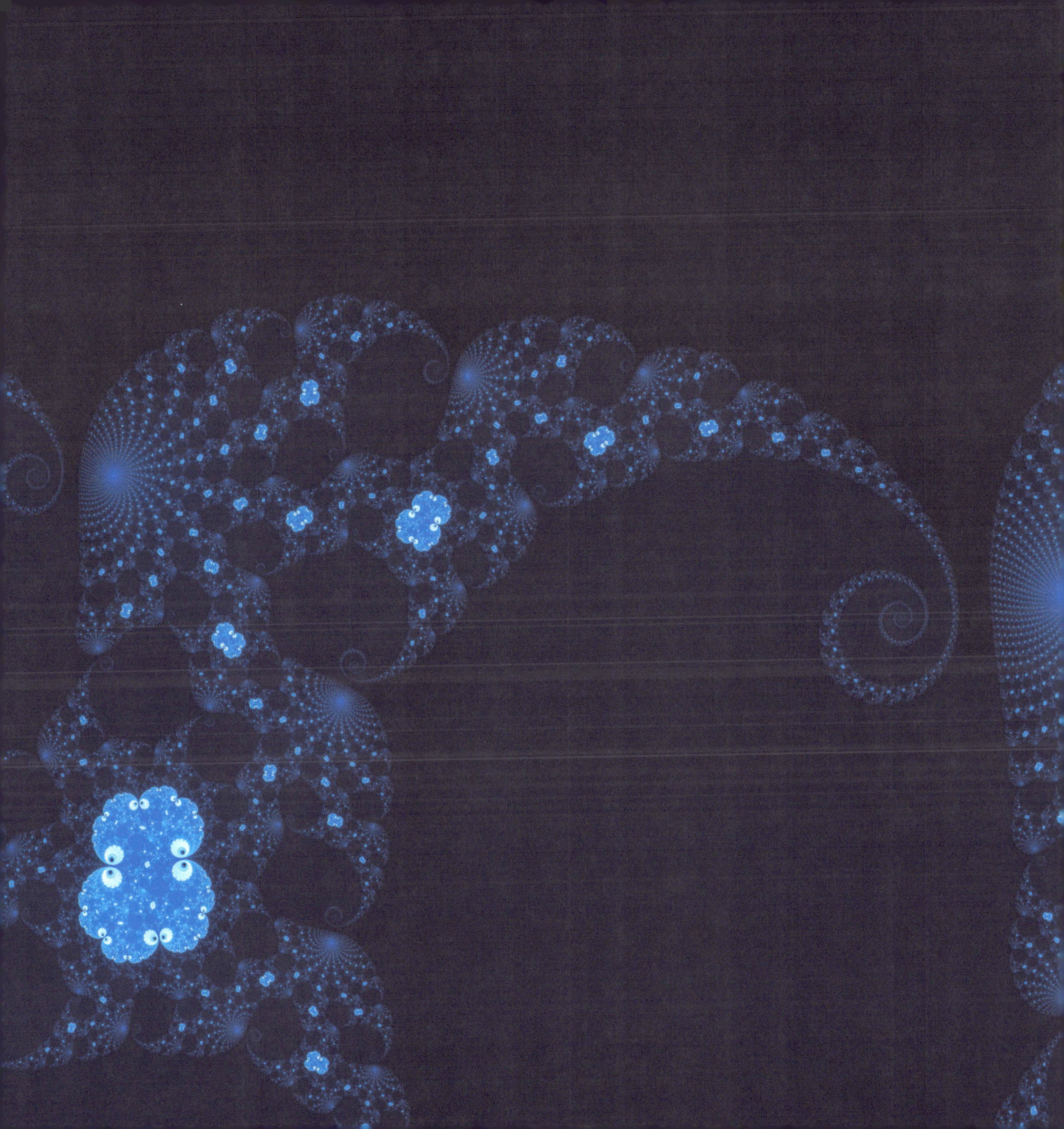

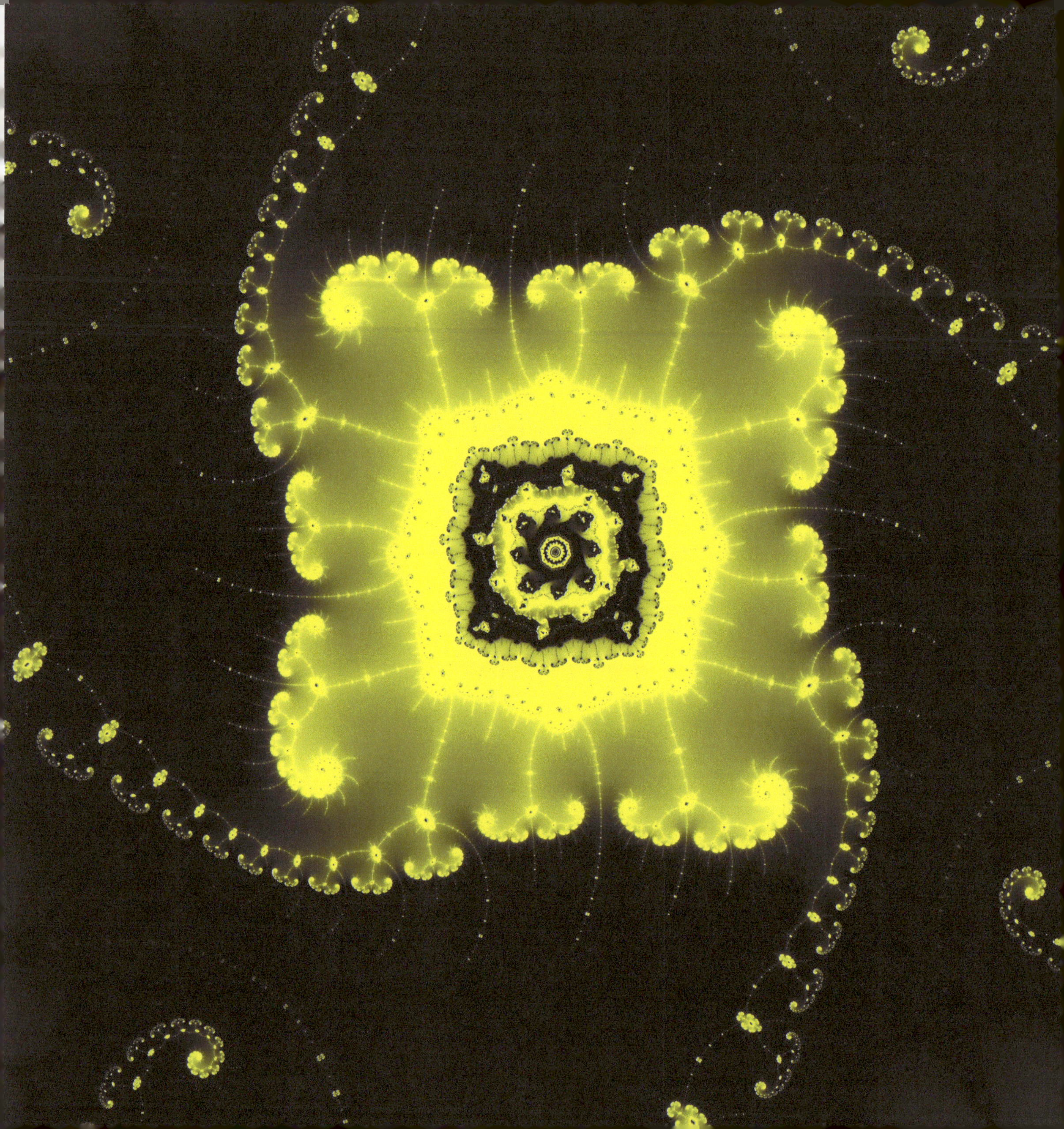

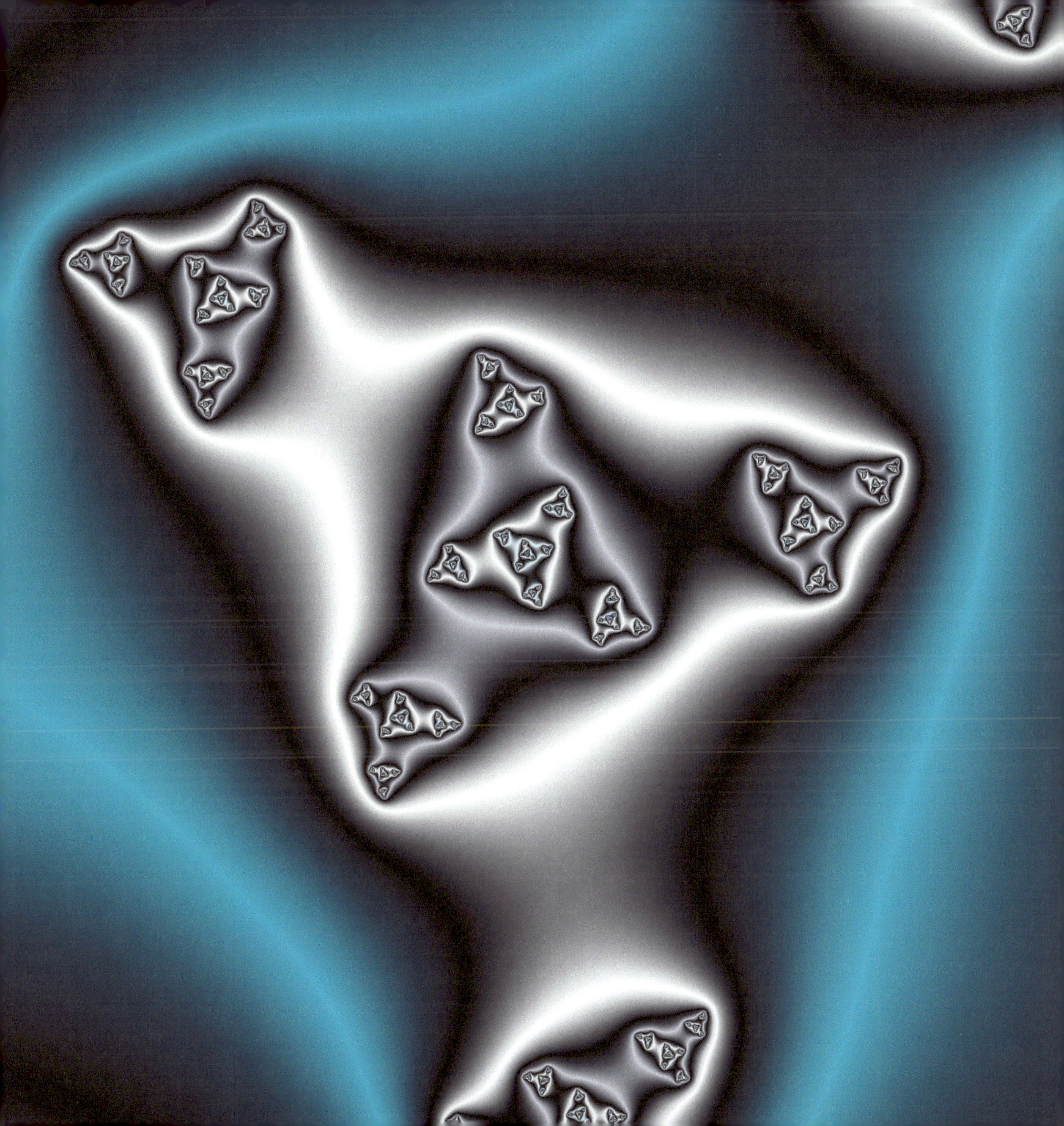

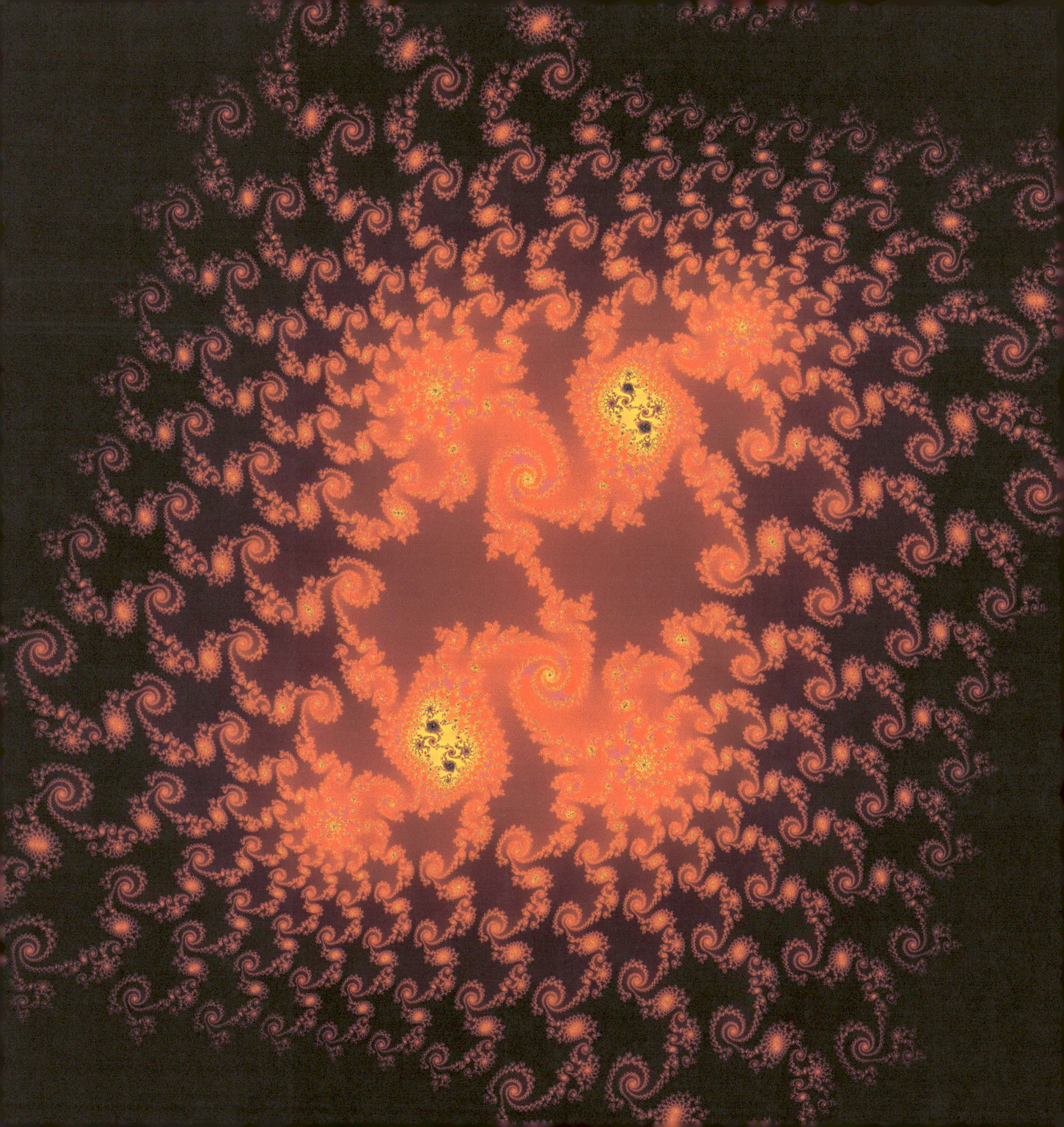

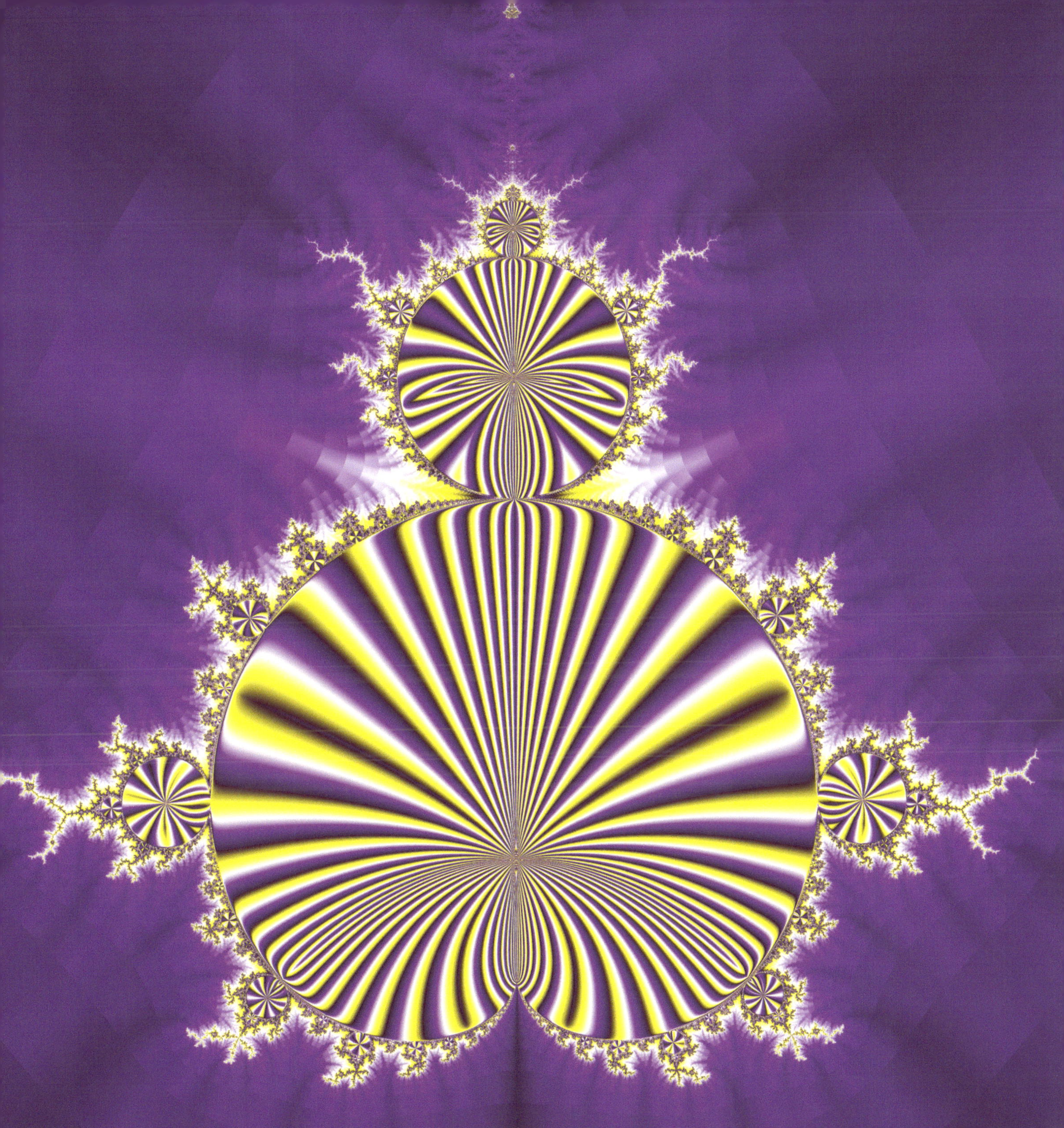

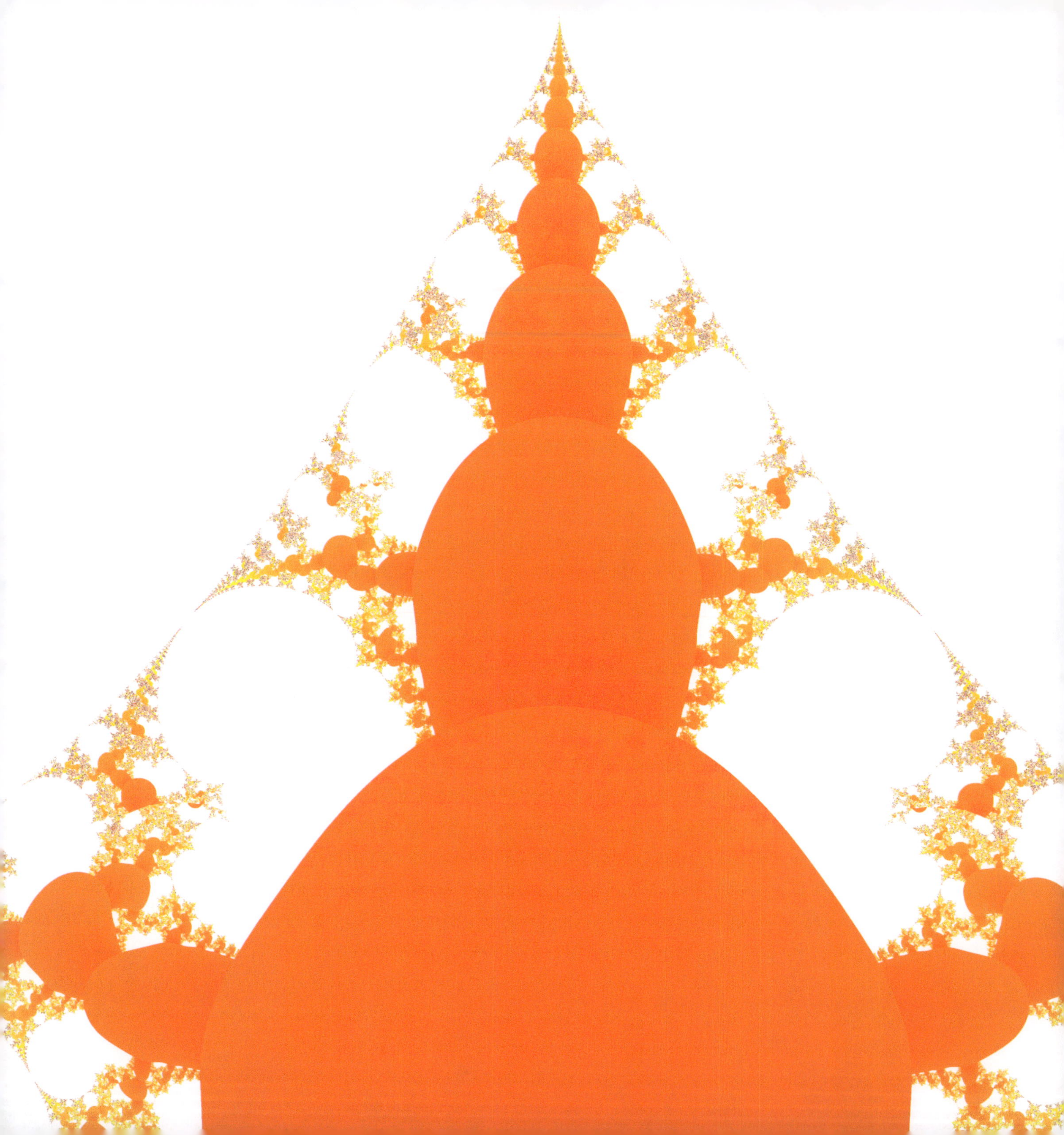

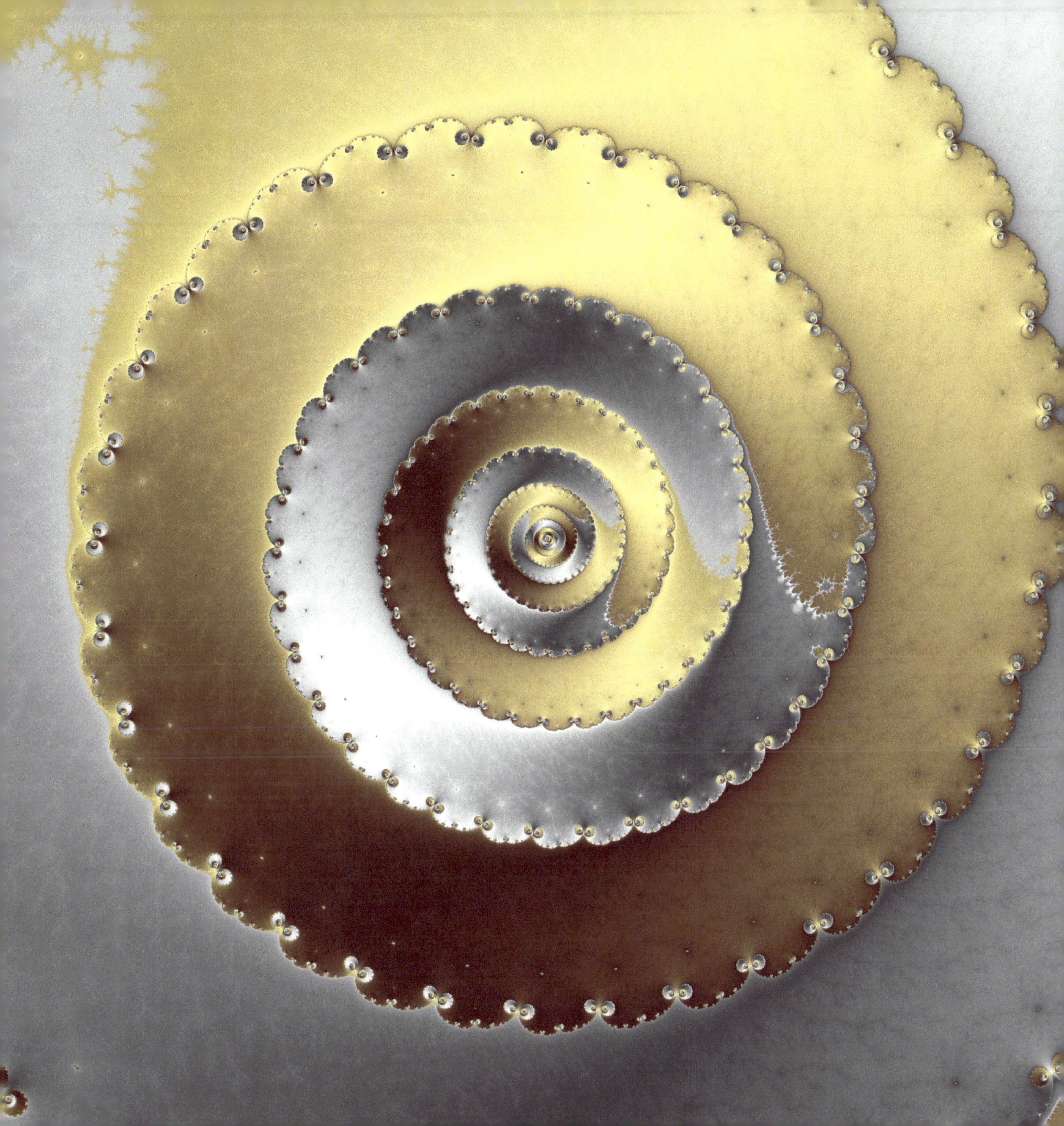

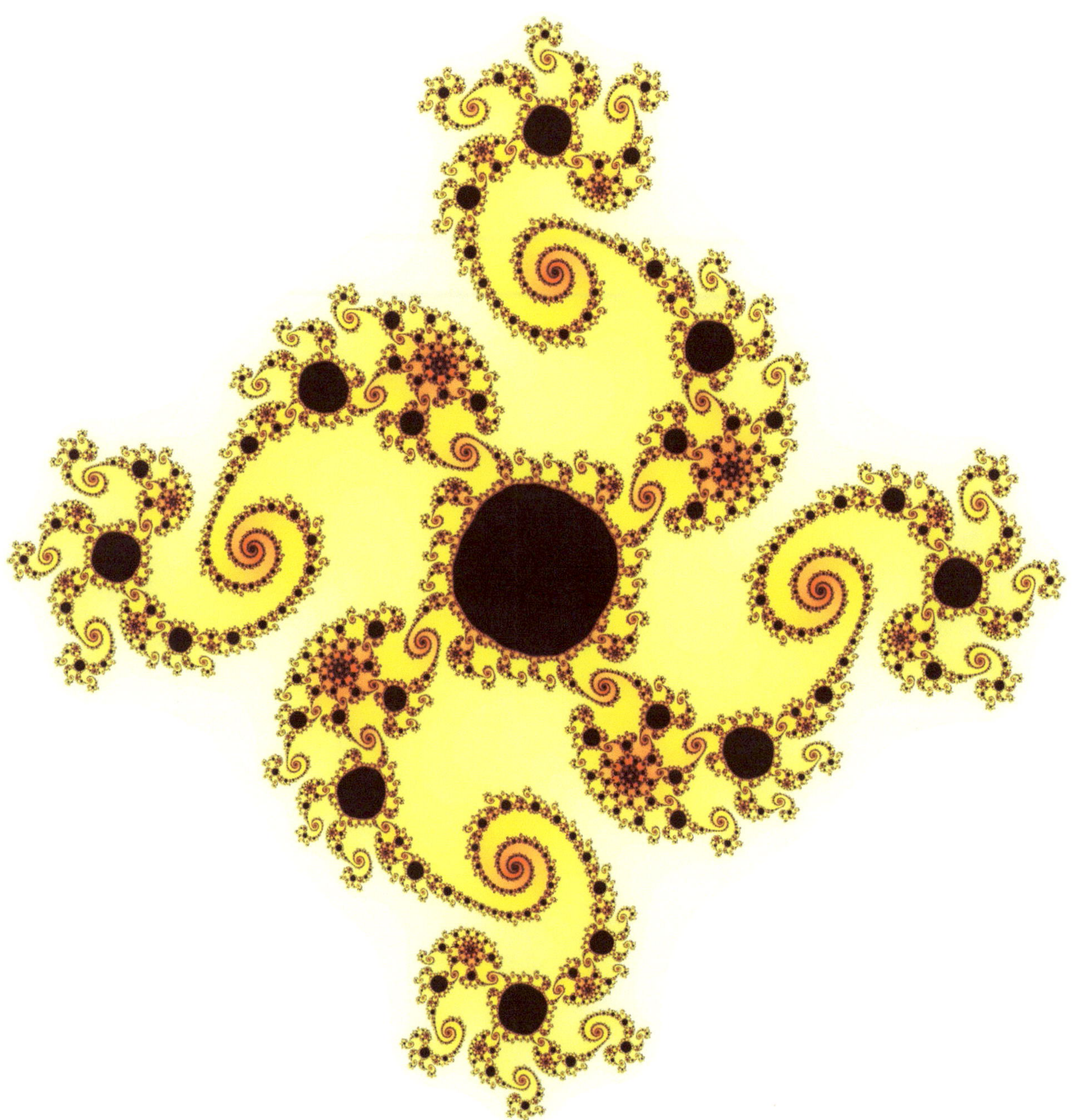

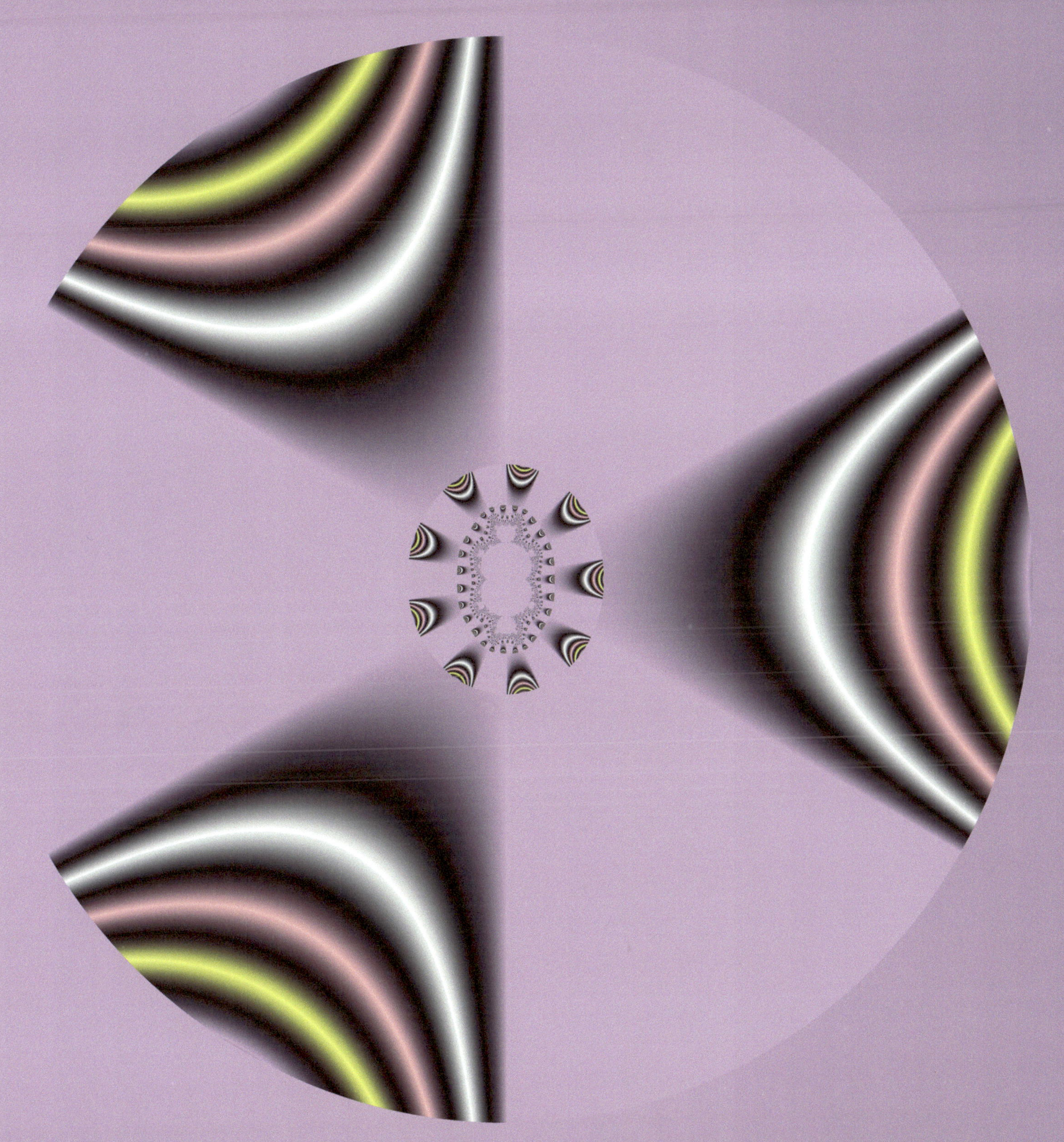

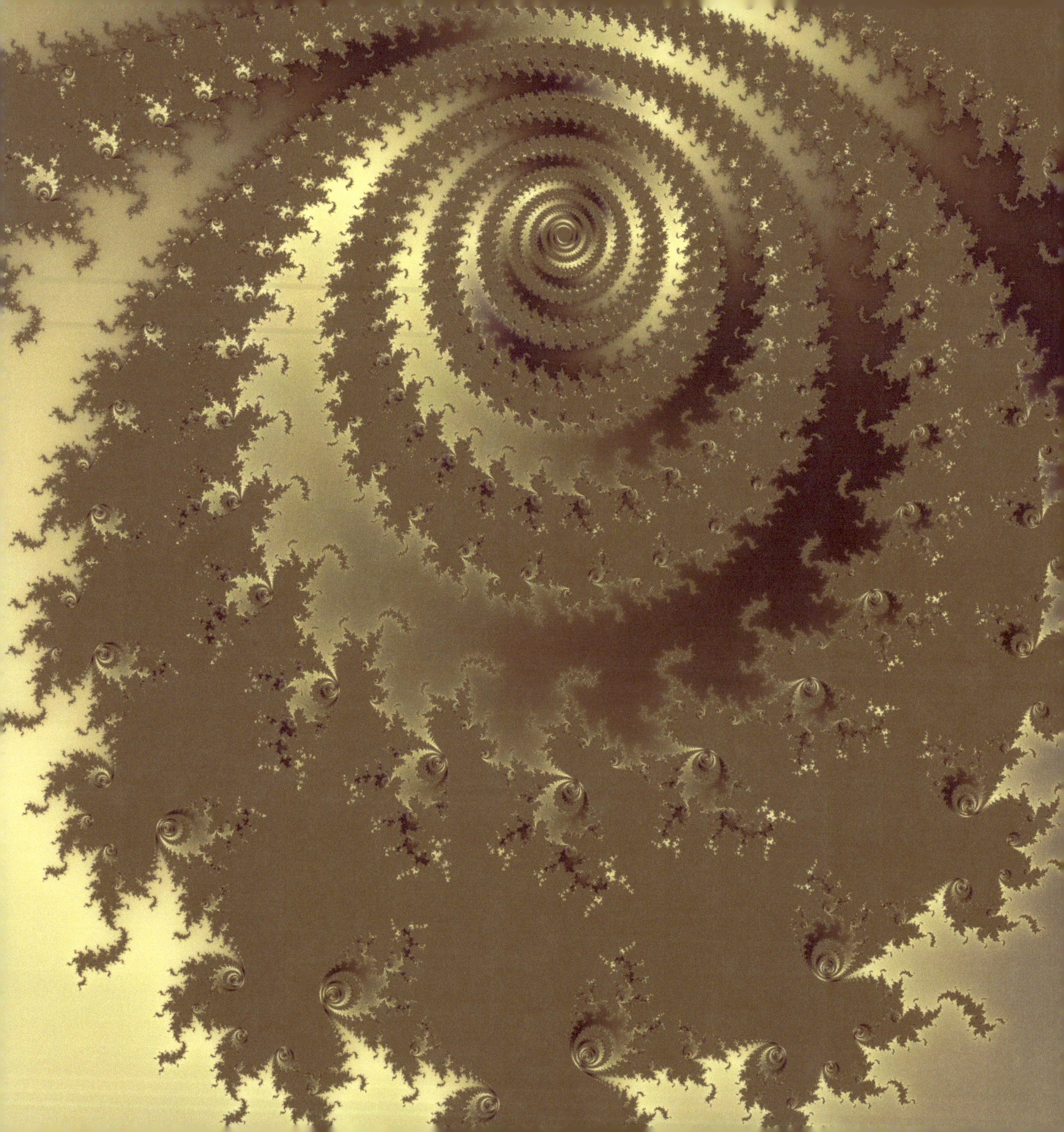

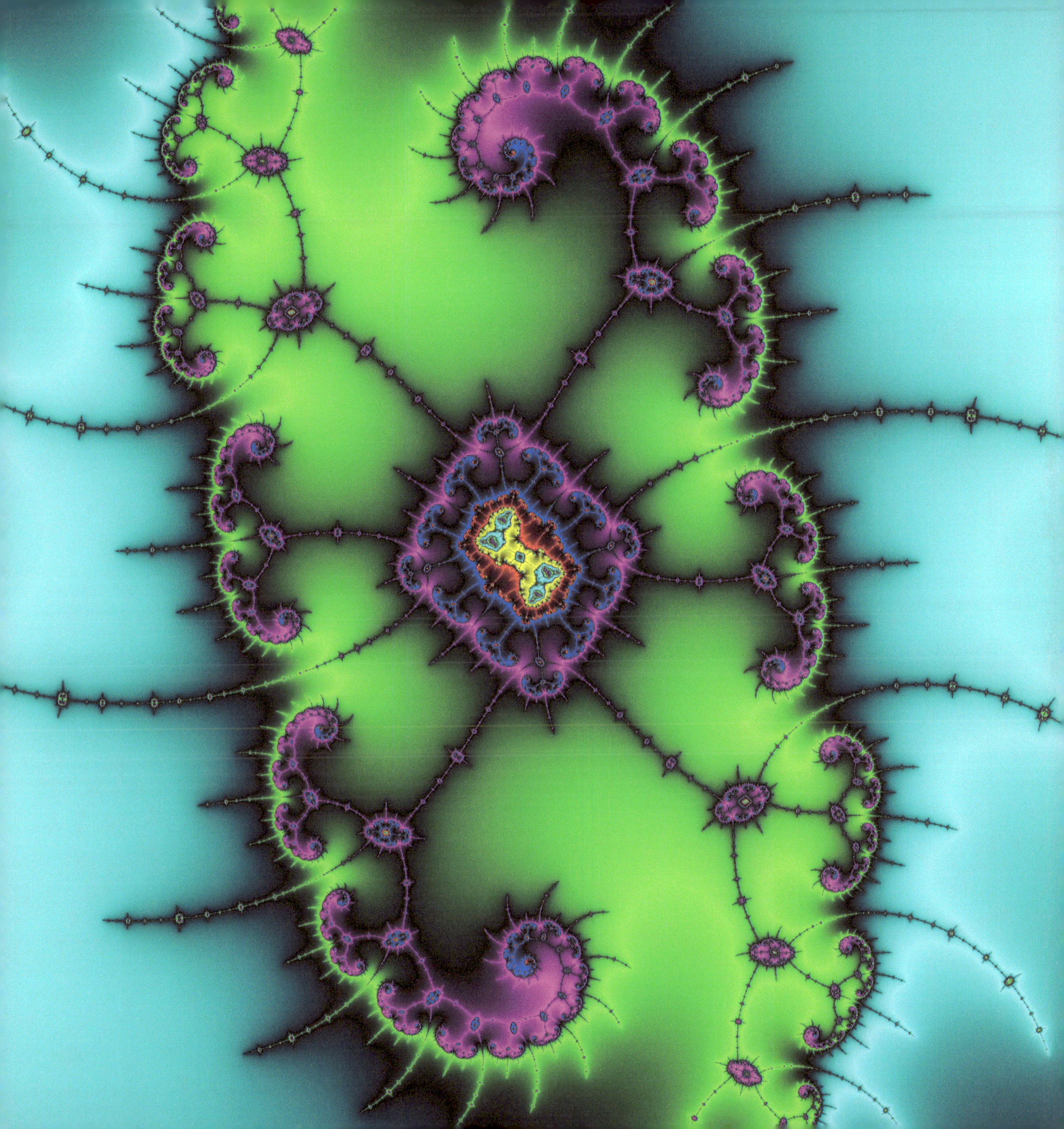

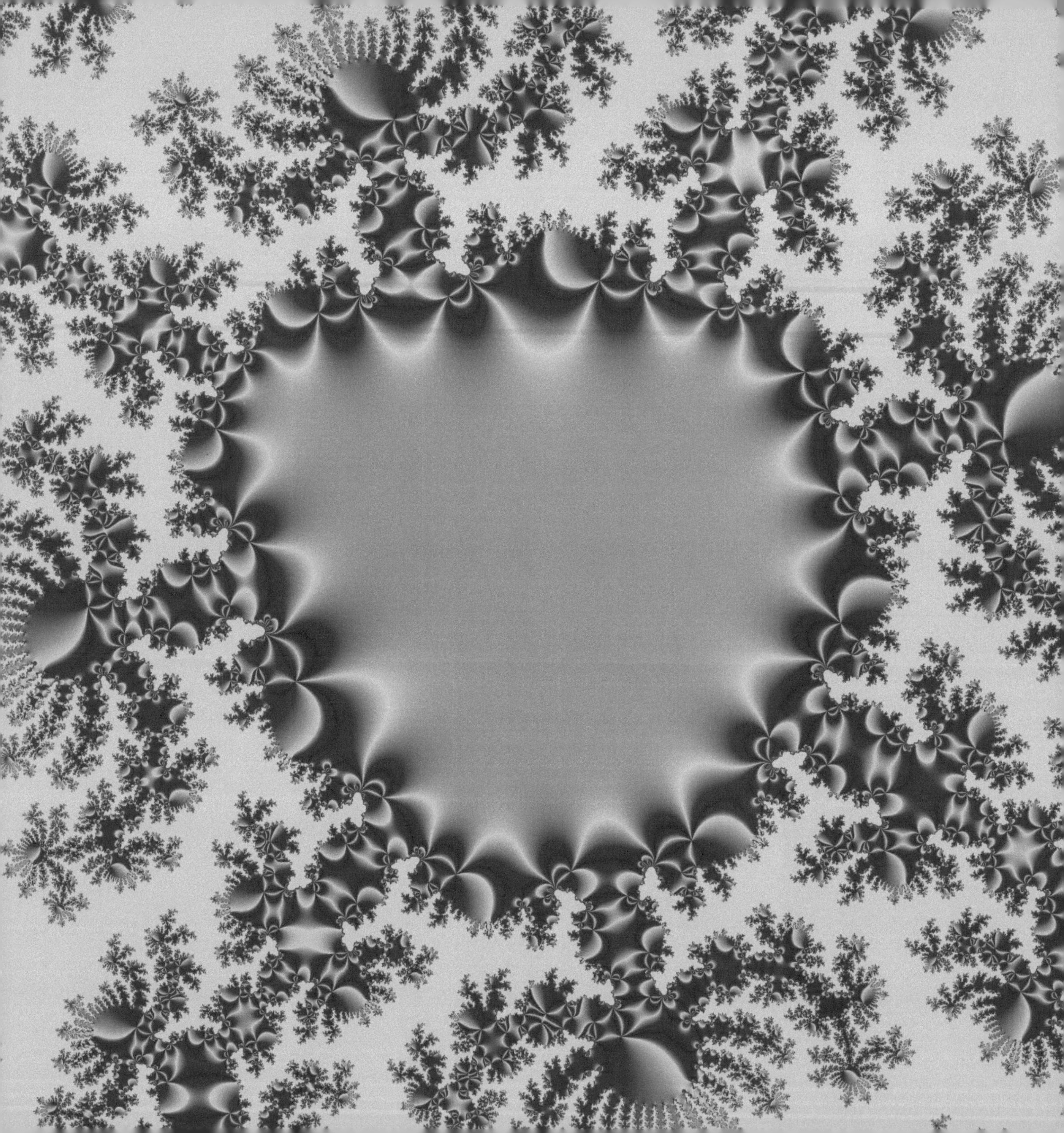

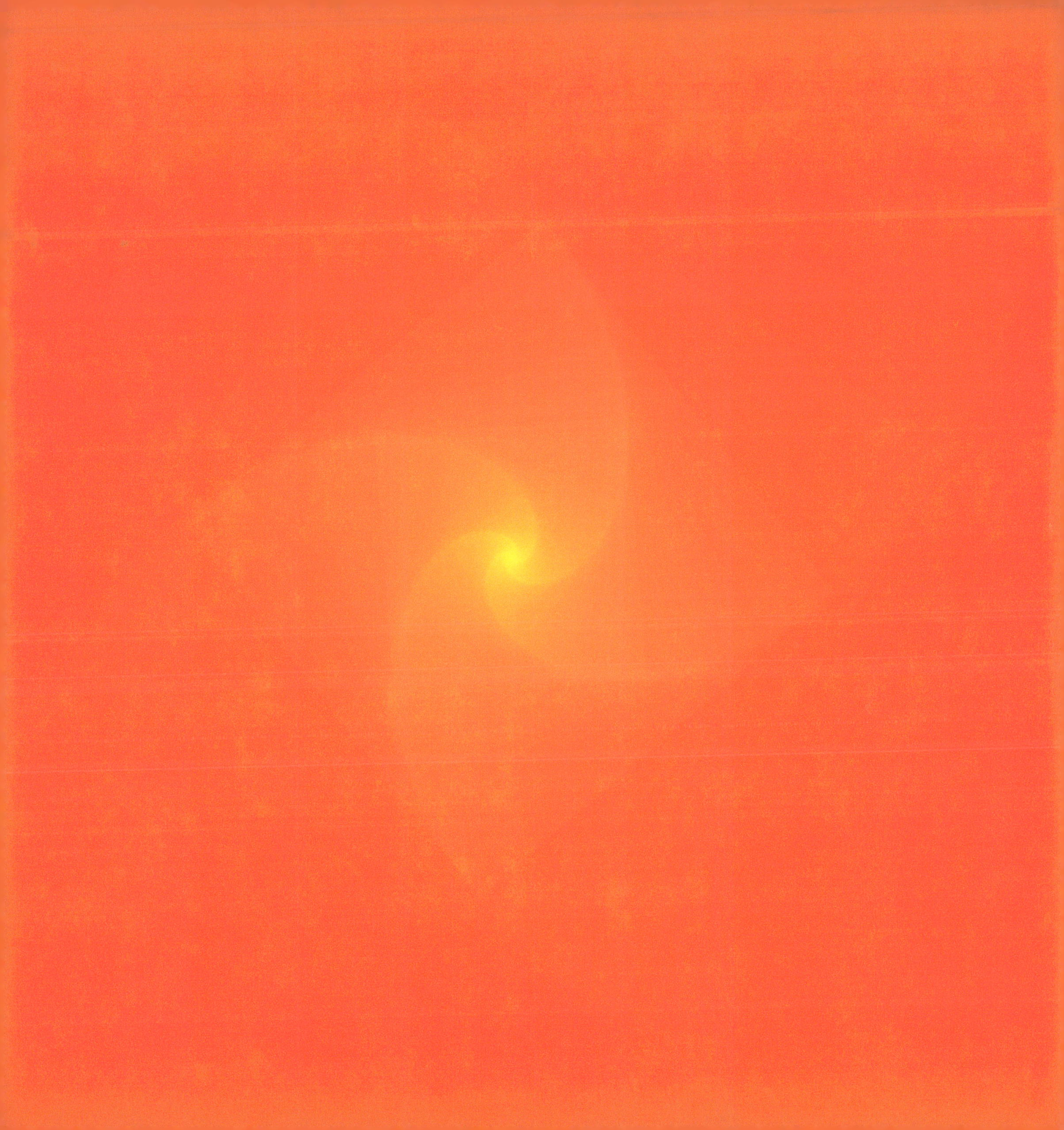

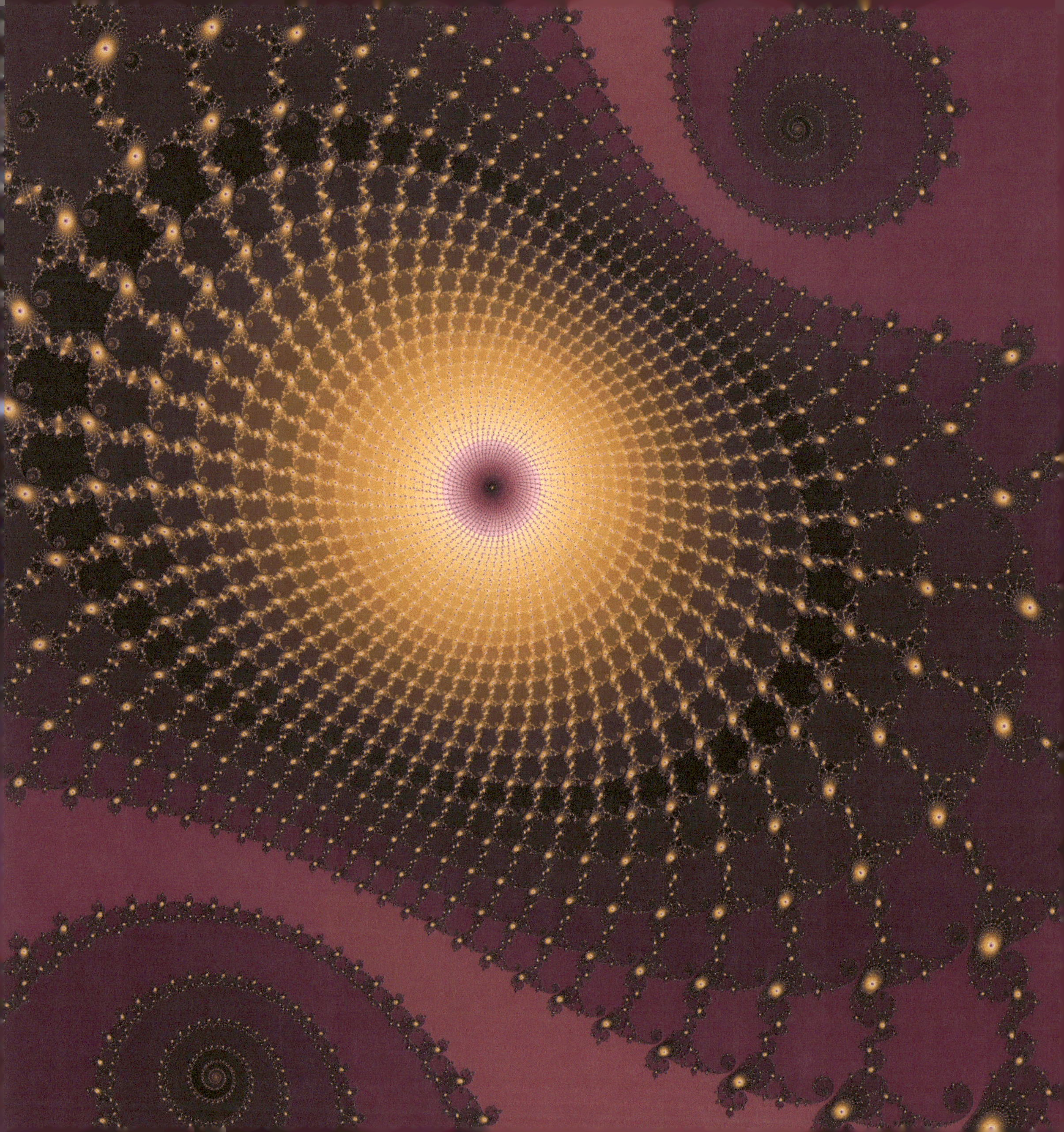

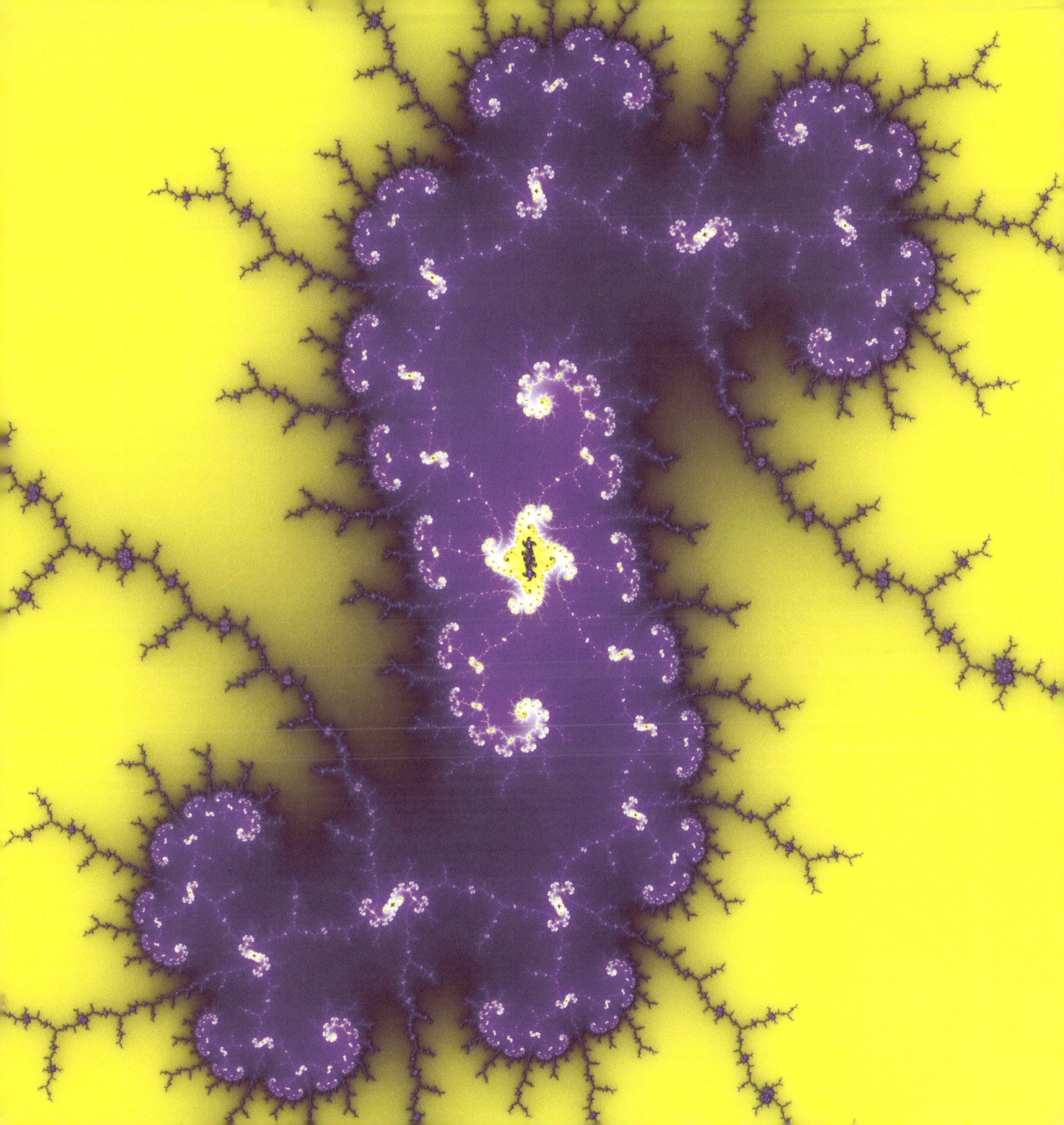

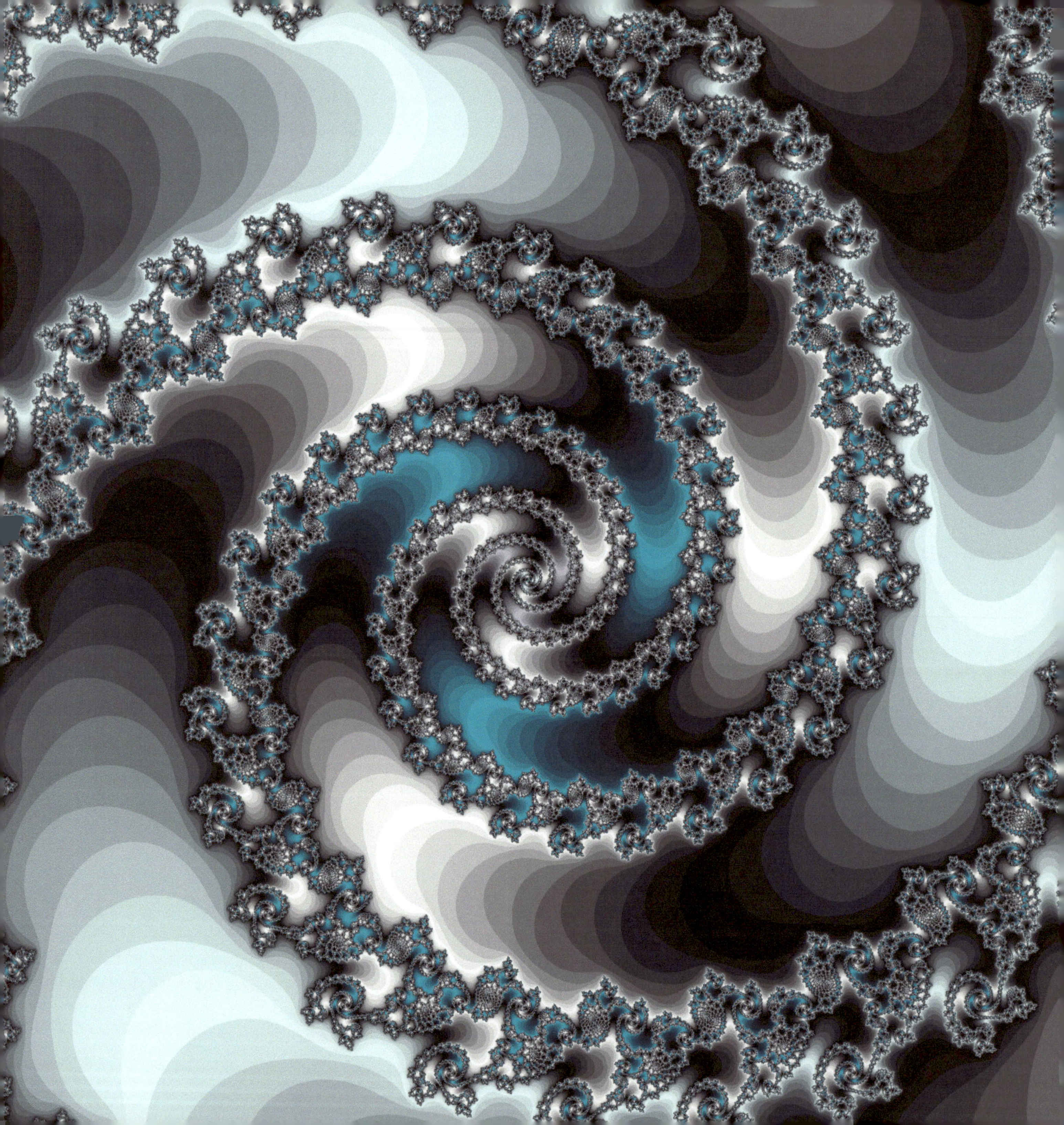

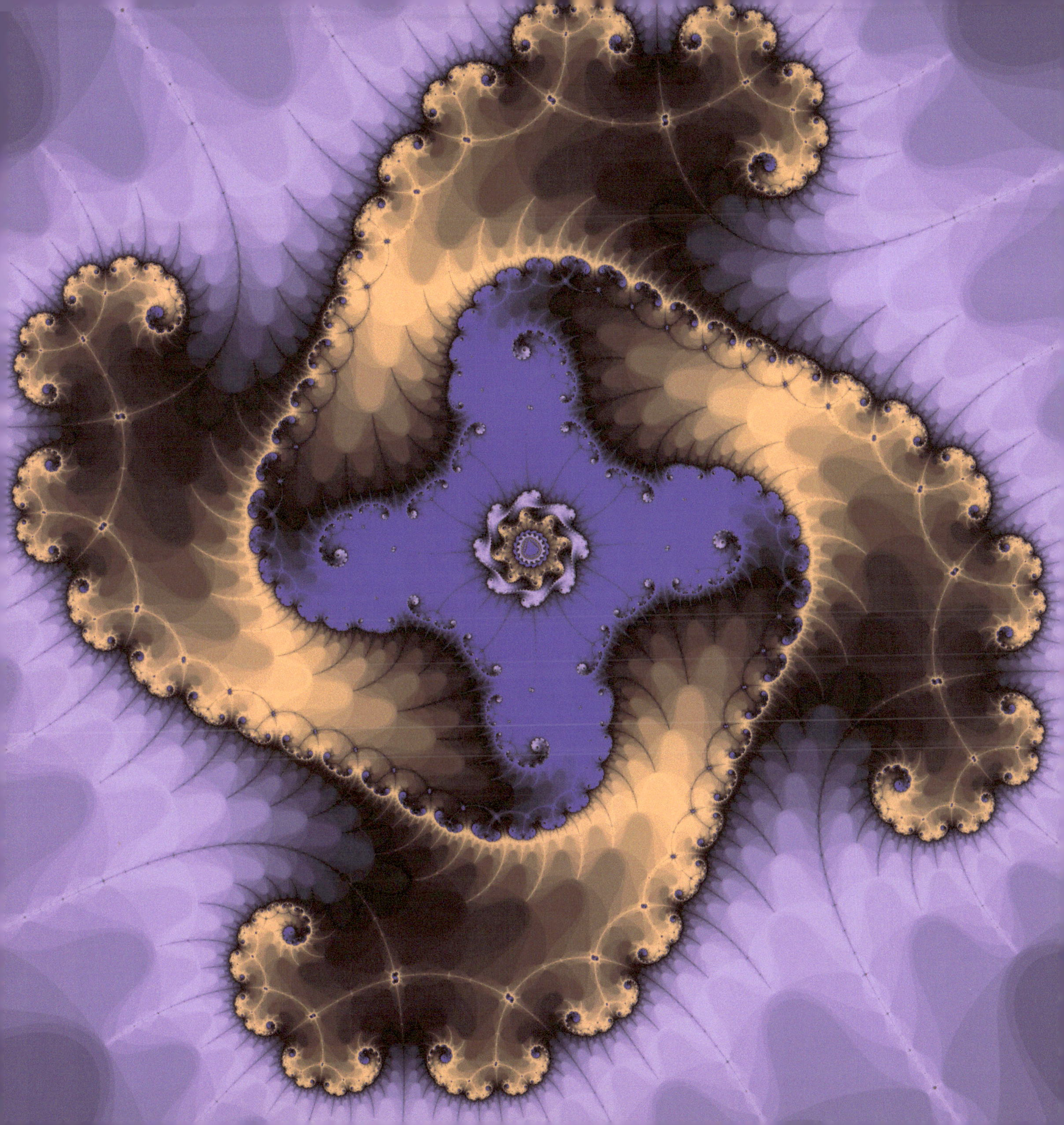

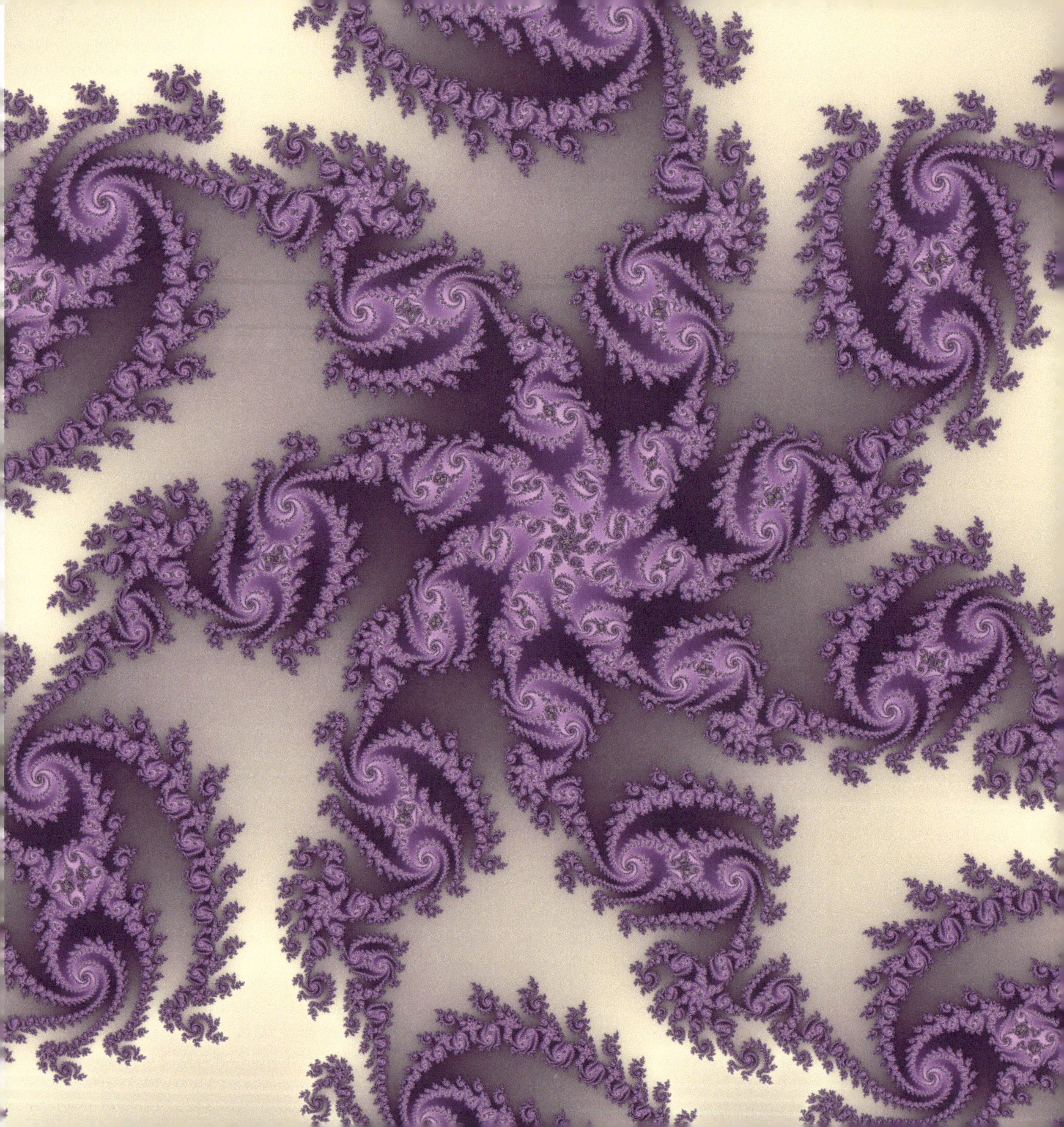

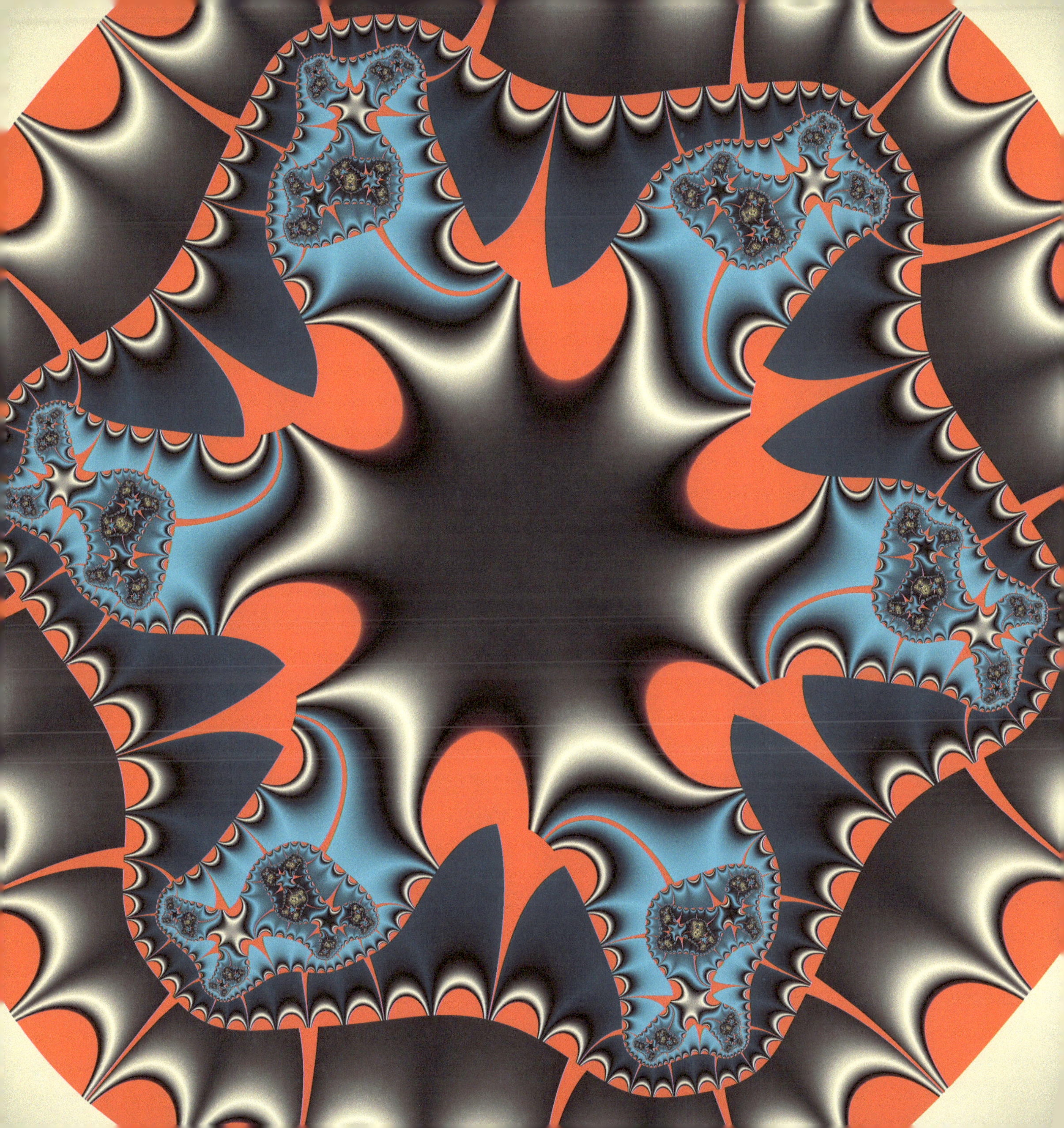

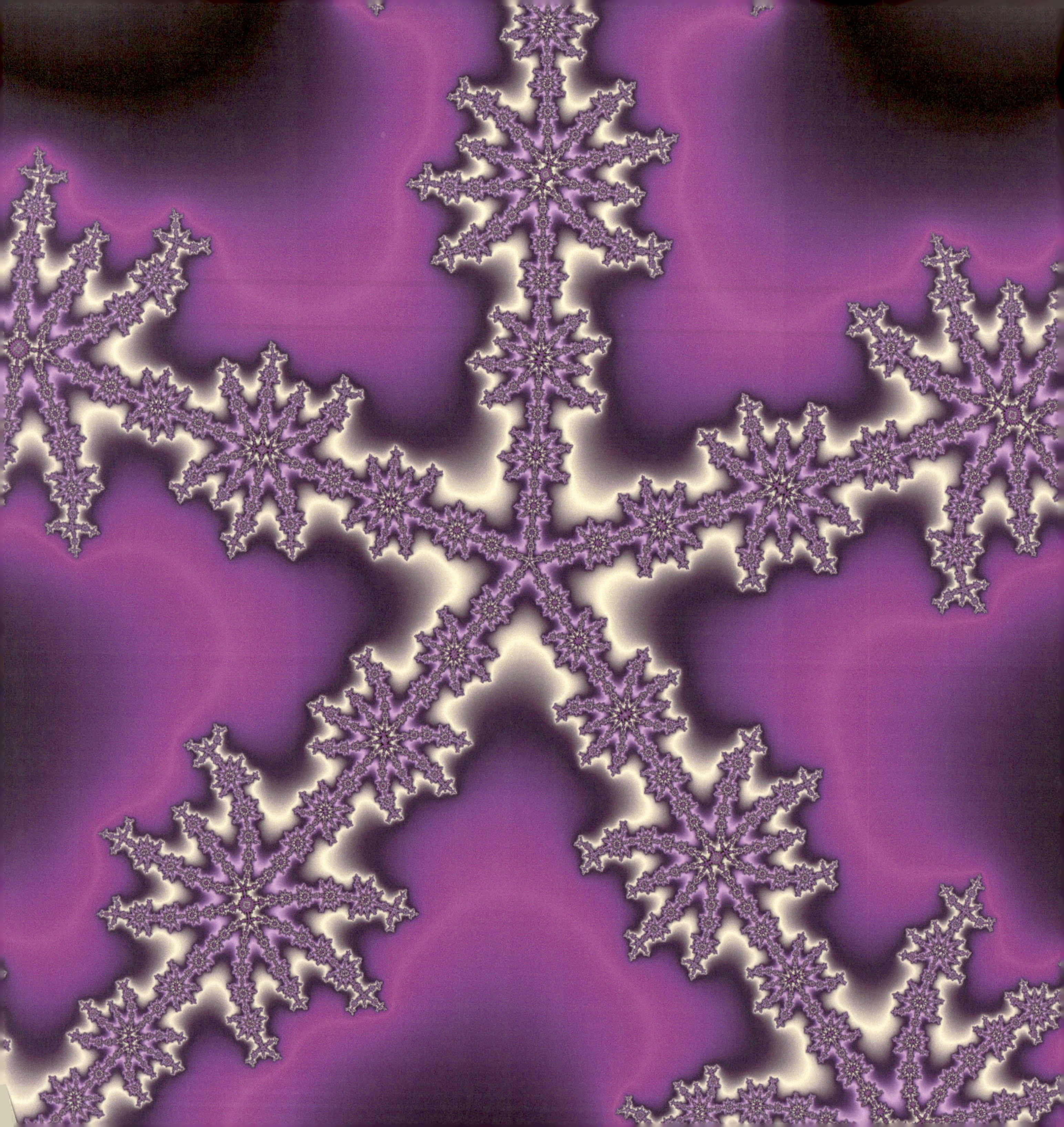

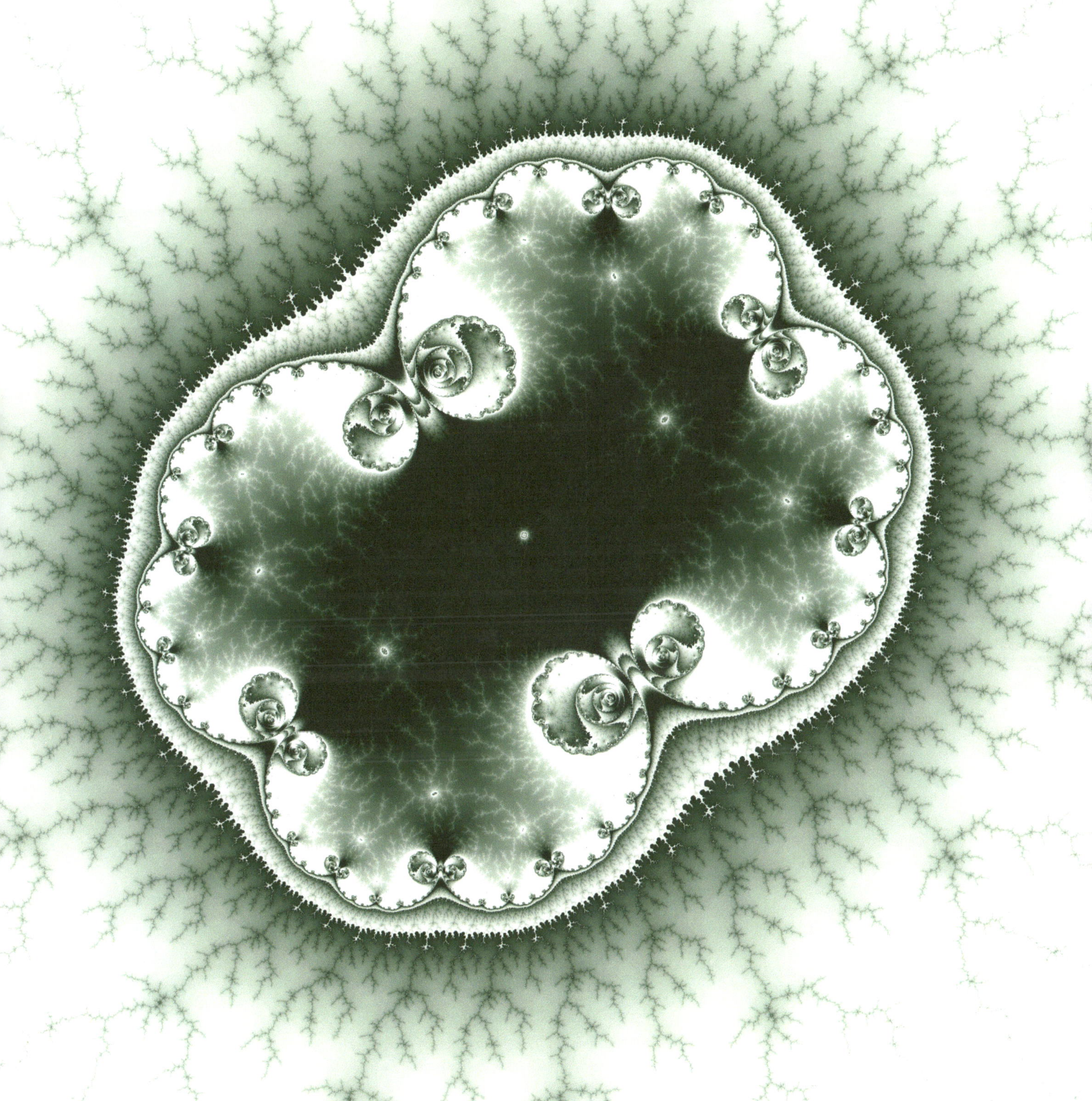

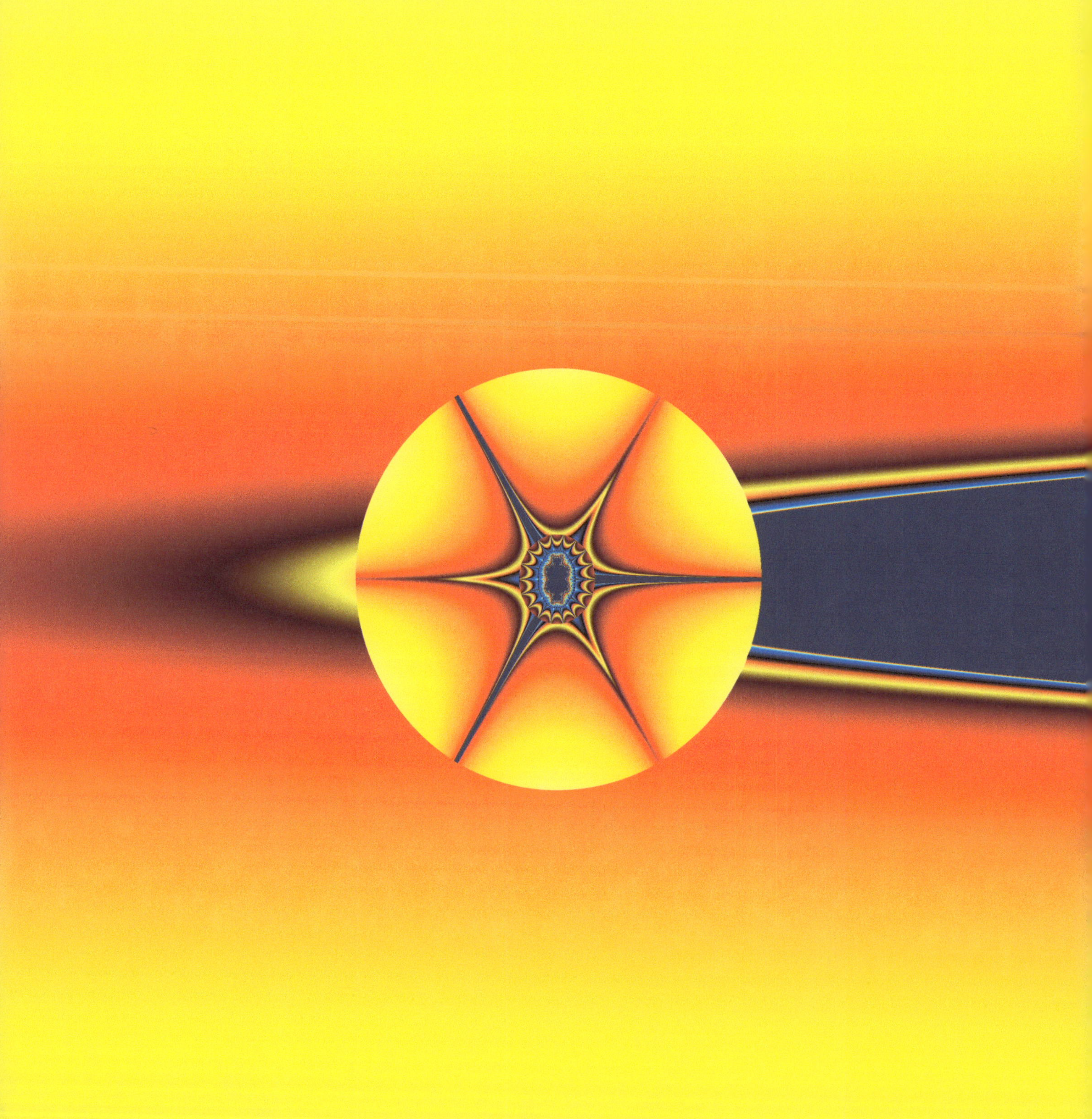

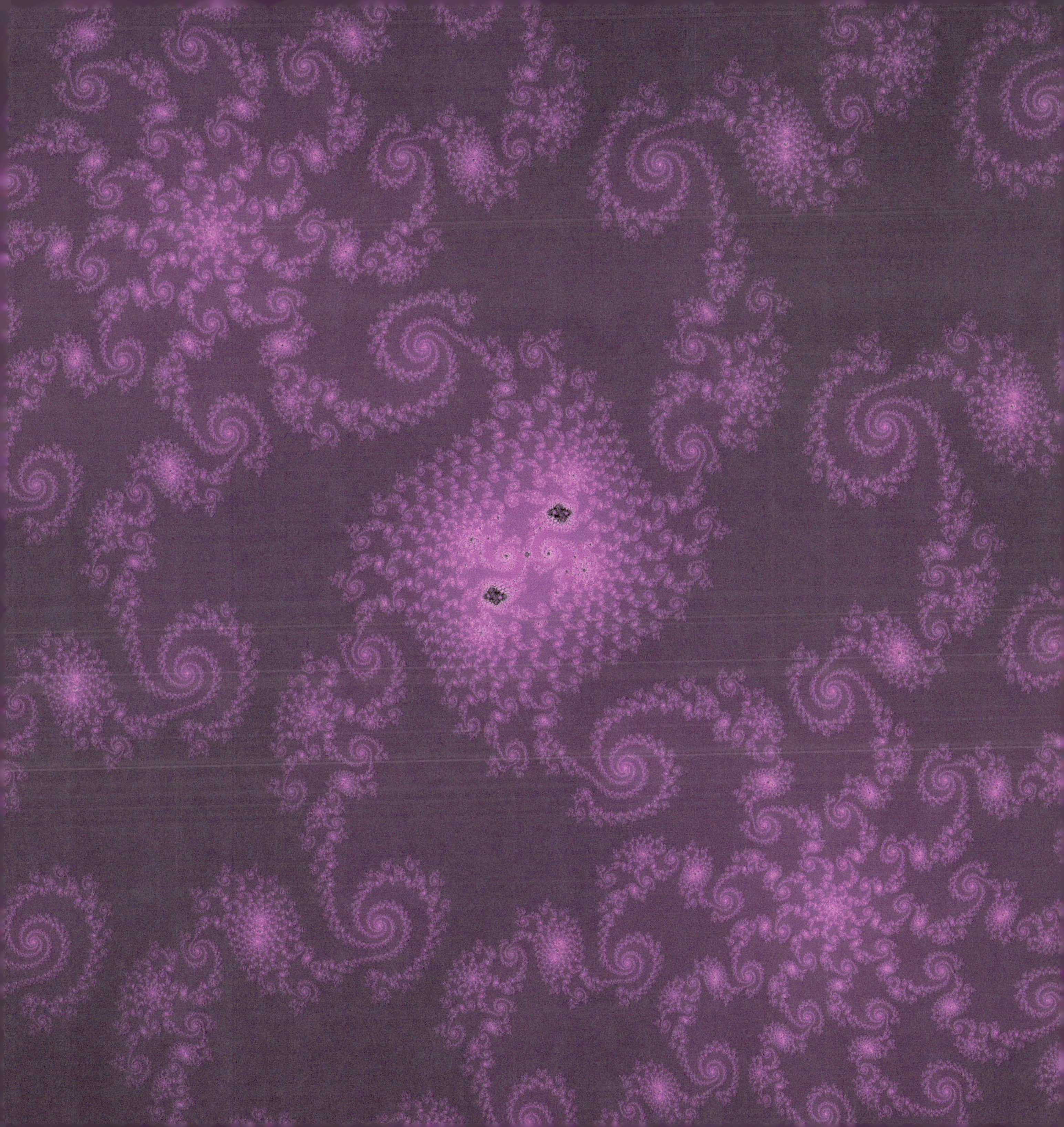

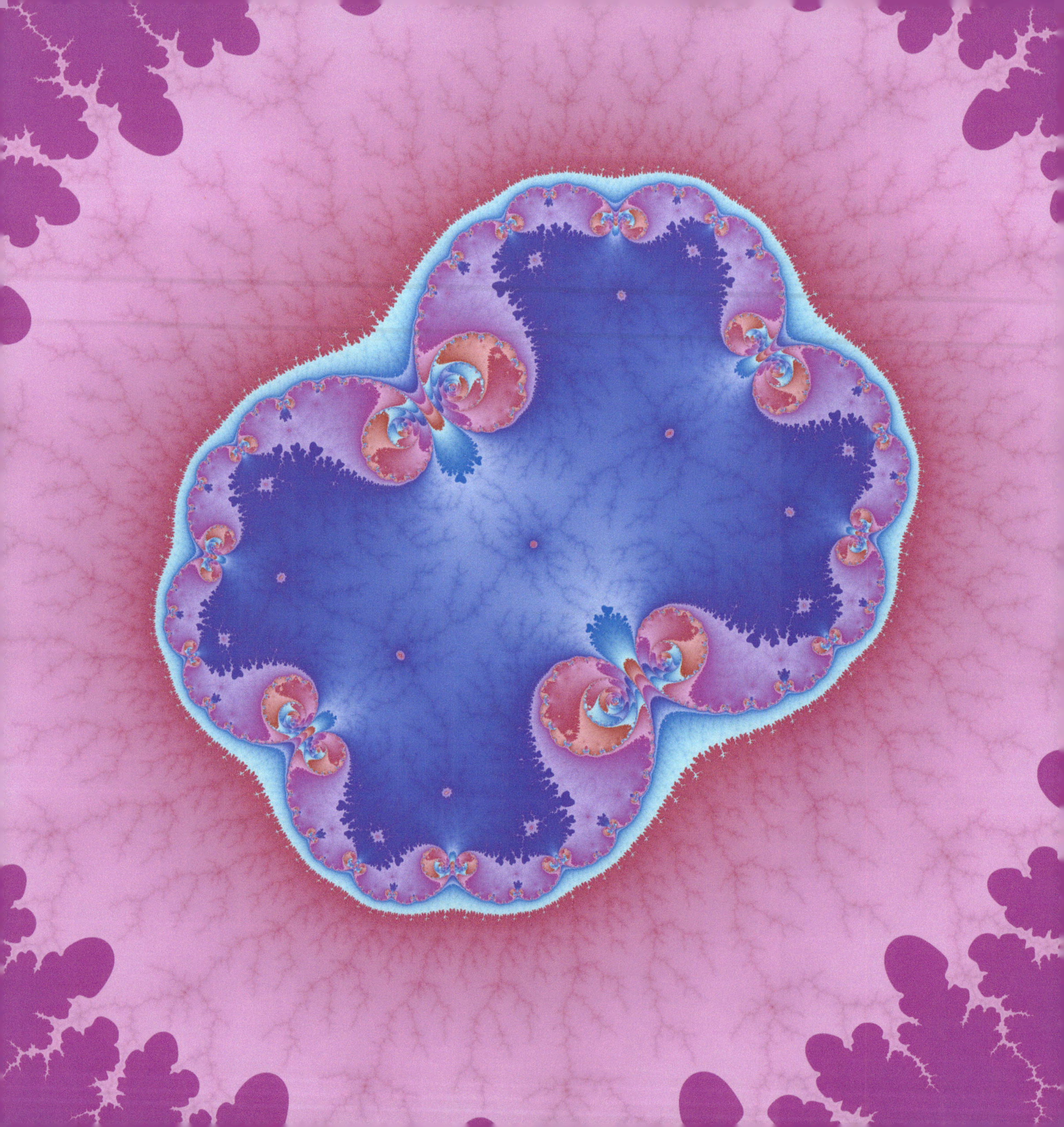